普通高等院校“十四五”应用型人才培养系列教材

无线局域网技术

（实践篇）

李 健 黄 斌◎主编

中国铁道出版社有限公司
CHINA RAILWAY PUBLISHING HOUSE CO., LTD.

内 容 简 介

本书根据高等院校应用型、技能型人才培养目标，围绕无线网络工程项目搭建、部署及运维等任务要求，全面讲解了无线局域网工程施工过程中需要的专业技能及其操作方法，主要包括无线局域网的基础搭建、无线漫游、无线中继、无线接入认证、无线网络安全、网络健壮性等内容。

本书共分19个无线局域网络实践项目，每个项目内容均按照“项目背景”“项目分析”“知识准备”“项目拓扑”“项目规划”“实施过程”“项目验证”“拓展练习”的思路编写，实现理论与实践的统一，帮助读者快速掌握无线网络工程技术。

本书可作为高等院校计算机网络专业的教材或教学参考书，也可供网络技术人员、网络管理人员及网络爱好者参考。

图书在版编目（CIP）数据

无线局域网技术．实践篇 / 李健，黄斌主编．—北京：中国铁道出版社有限公司，2024.6

普通高等院校“十四五”应用型人才培养系列教材

ISBN 978-7-113-31160-5

Ⅰ．①无…　Ⅱ．①李…　②黄…　Ⅲ．①无线电通信－局域网－高等学校－教材　Ⅳ．① TN926

中国国家版本馆 CIP 数据核字（2024）第 073190 号

书　　名：无线局域网技术（实践篇）

作　　者：李　健　黄　斌

策　　划：陆慧萍　　　　编辑部电话：（010）63549508

责任编辑：陆慧萍　闫钇汛

封面设计：郑春鹏

封面制作：刘　颖

责任校对：刘　畅

责任印制：樊启鹏

出版发行：中国铁道出版社有限公司（100054，北京市西城区右安门西街 8 号）

网　　址：https://www.tdpress.com/51eds/

印　　刷：北京鑫益晖印刷有限公司

版　　次：2024 年 6 月第 1 版　2024 年 6 月第 1 次印刷

开　　本：787 mm×1 092 mm　1/16　印张：14.25　字数：330 千

书　　号：ISBN 978-7-113-31160-5

定　　价：40.00 元

前 言

随着移动互联网的普及，越来越多的人习惯并且喜欢使用无线网络，随时随地享受无线网络带来的便捷。我国正在大力推进无线网络建设，实现轨道交通、机场、学校、医院、商场、站场等公共区域的全覆盖。随着无线网络工程项目持续建设，无线网络工程师已成为网络技术领域的一个细分岗位，为此国内外一线网络技术厂商均开设无线专项技术认证，这些认证是无线网络工程师重要的从业资质，并纳入IT服务商和系统集成商的资质考核中。

本书从高等院校培养应用型、技能型人才的目标出发，围绕无线网络工程项目建设对无线网络工程项目搭建、部署及运维等任务要求，收集编写了19个无线局域网络实践项目，以项目方式设计全书内容，完整讲述了部署无线网络实践项目所需要的相关理论与实践内容，帮助读者快速掌握无线网络工程技术。

下面分别对每个实践项目内容进行简单介绍：

实践项目1 SOHO无线局域网。本项目介绍SOHO无线局域网的应用情景，对基本服务集、扩展服务集识别码等无线局域网的基础概念进行了回顾，重点演示了SOHO无线局域网的部署过程。

实践项目2 FAT AP组网。本项目回顾了FAT AP设备的功能特点，介绍了FAT AP的应用场景，以及与FIT AP应用场景的区别，重点演示了FAT AP的部署过程。

实践项目3 AC+FIT AP二层组网（直接转发）。本项目回顾了FIT AP设备的功能特点、AC+FIT AP架构的应用场景、二层组网的特点及直接转发的概念，重点演示了AC+FIT AP二层组网架构（直接转发）的部署过程。

实践项目4 AC+FIT AP二层组网（隧道转发）。本项目介绍了CAPWAP隧道协议及功能特点，回顾了AC+FIT AP二层组网架构下隧道转发的概念、特点及其与直接转发的不同之处，重点演示了AC+FIT AP二层组网架构（隧道转发）的部署过程。

实践项目5 AC+FIT AP旁挂二层组网。本项目回顾了AC旁挂与直连的异同，介绍了接口模式下DHCP服务的特点及配置方法，重点演示了AC+FIT AP旁挂二层组网的部署过程。

实践项目6 AC+FIT AP直连三层组网（隧道转发）。本项目回顾了AC+FIT AP直连二层组网与AC+FIT直连三层组网的不同之处，介绍了AP在二层和三层上线的区别、DHCP服务中的Option 43属性的应用，重点演示了AC+FIT直连三层组网（隧道转发）的部署过程。

实践项目7 AC+FIT AP旁挂三层组网（直接转发）。本项目介绍了AC+FIT AP旁挂三层组网架构下隧道转发与直接转发的异同、CAPWAP隧道建立的全过程，重点演示了AC+FIT AP旁挂三层组网（直接转发）的部署过程。

实践项目8 同VLAN内的二层漫游。本项目介绍了二层漫游的应用场景、二层漫游的四个步骤，以及不同安全策略下的漫游情况，重点演示了同VLAN内的二层漫游的部署过程。

实践项目9 跨VLAN的三层漫游。本项目回顾了三层漫游的过程及特点，介绍了CAPWAP隧道流量转发模型的特点，重点演示了跨VLAN的三层漫游的部署过程。

实践项目10 跨AC的二层漫游。本项目回顾了跨AC的二层漫游的过程及特点，介绍了跨AC漫游过程中的CAPWAP隧道流量转发，重点演示了跨AC的二层漫游的部署过程。

实践项目11 WLAN本地用户的MAC认证。本项目回顾了AAA和802.1x的概念和基本特点，重点演示了本地用户的MAC认证部署过程。

实践项目12 WLAN本地用户的内置Portal认证。本项目回顾了Portal认证的概念和基本特点，重点演示了本地用户的内置Portal认证的部署过程。

实践项目13 黑白名单。本项目介绍了基于MAC地址的黑、白名单机制，重点演示了黑白名单的部署过程。

实践项目14 基于ACL的报文过滤。本项目回顾了访问控制列表的使用方法，重点演示了访问控制列表在AC中过滤报文的部署过程。

实践项目15 负载均衡。本项目介绍了无线局域网络中针对AP的均衡负载概念，以及均衡负载的两种方式，即静态负载均衡和动态负载均衡，重点演示了负载均衡的部署过程。

实践项目16 双链路冷备份。本项目介绍了无线局域网络中针对AC的双链路冷备份技术，以及双链路冷备份的方式及特点，重点演示了双链路冷备份的部署过程。

实践项目17 双链路热备份。本项目介绍了无线局域网络中针对AC的双链路热备份技术，以及双链路热备份的备份流程及回切特点，重点演示了双链路热备份的部署过程。

实践项目18 无线分布式系统。本项目介绍了无线局域网络中针对AP部署的无线分布式系统，以及无线分布式系统的应用场景和基本特点，重点演示了无线分布系统的部署过程。

实践项目19 Mesh网络。本项目介绍了无线局域网络中Mesh网络，以及Mesh网络与无线分布式系统在应用场景和基本特点上的异同，重点演示了Mesh网络的部署过程。

本书得到海南省教育厅职业教育试点项目的资助。本书的实验配置示例基于华为网络设备实现，若读者所使用的网络设备非华为公司网络产品，请自行变通使用。本书由李健、黄斌任主编，王岩、颜汝南、符龙生、龙腾、谢磊任副主编。其中，李健编写实践项目1～实践项目5、实践项目8和实践项目9，黄斌编写实践项目6、实践项目7、实践项目10、实践项目11和实践项目12，王岩编写实践项目13，颜汝南编写实践项目14和实践项目15，符龙生编写实践项目16，龙腾编写实践项目17和实践项目18，谢磊编写实践项目19并整理全书项目资料。全书由李健组织编写并统稿。

在本书编写过程中，参考了大量的华为、锐捷等网络技术资料、培训认证教材等，汲取了很多网络同仁的宝贵经验，同时得到了华为、锐捷网络工程师的技术支持，在此表示诚挚的感谢。

由于编者水平有限，书中不妥之处在所难免，恳请各位专家和广大读者批评指正。

编　者

2024年1月

目　录

实践项目 1

SOHO 无线局域网

1.1 项目背景

某摄影工作室新部署无线网络，该摄影工作室有宽带入户，工作时间内大概有10～20台设备（包括摄影设备、台式计算机、笔记本计算机和手机等）能够连接无线网络。工作室员工小李建议部署SOHO（small office home office，家庭办公室/小型办公室）网络，并负责实施。

1.2 项目分析

部署SOHO无线网络方便快捷，成本低廉，只需新增一台无线路由器就可以满足需要。无线路由器是组网的核心设备，在家庭或者小型办公室环境中，无线路由器连接宽带入户的modem（调试解调器），如光纤入户的“光猫”，也就是光信号的调试解调器，无线路由器通过modem连接Internet，再发送WiFi无线信号给无线客户端。具备WiFi上网功能的摄影设备、手机、打印机或者家用电器都属于无线客户端，而台式计算机需要增加无线网卡便可以成为无线客户端，从而连接Internet。

1.3 知识准备

1. SOHO

SOHO组网方式简单，无线路由器配置方式是Web方式，界面友好，配置容易，适用于小型公司或家庭环境。

2. 基本服务集

在无线网络中，把无线接入点（wireless access point, WAP）的信号覆盖区域称为基本服务区BSA（basic server area），在一个BSA内，接入点（access point, AP）和无线终端（计算机或手机等）等设备组成基本服务集（basic server set, BSS）。

3. 扩展服务集

由两个或以上数量的AP组成的无线局域网与无线终端组成ESS（extended service set）。在扩展服务集中存在多个AP，无线用户可以在AP之间漫游，从而扩展了无线网络的覆盖范围。

4. 服务集识别码

在BSS中的AP使用服务集识别码（service set identifier, SSID）来标识自身网络，当用无线终端搜索无线网络时，看到的无线网络的名称（WiFi名称）即SSID。

5. 扩展服务集识别码

在ESS（extended service set，扩展服务集）中所有的AP使用同一个标识，即扩展服务集识别码（extended service set identifier, ESSID）。一个扩展服务集使用同一个扩展服务集识别码，用户在AP之间漫游时所显示的SSID是不变的，即表示在同一个无线局域网络范围内。

6. 无线路由器

无线路由器专为家庭用户和小型办公室上网需要而设计，经济实用、配置简单。无线路由器可以看作一个转发器，将宽带网络信号通过天线转发给无线网络设备（具有WiFi上网功能的设备）。市场上流行的无线路由器还具有其他一些网络管理的功能，如DHCP服务、防火墙、MAC地址过滤、动态域名等功能。一般支持15～20个以内的设备同时在线使用。信号范围一般为半径50 m，部分无线路由器的信号范围达到了半径300 m，如图1-1所示。

图 1-1　无线路由器

7. AP

无线接入点是移动客户端进入有线网络的接入点，无线覆盖距离为几十米至上百米，主要技术为802.11x系列。

普通AP没有路由功能，相当于无线交换机，它将双绞线传送过来的网络信号，转换成为无线电波发送出去，形成无线网络的覆盖。根据不同的功率，网络覆盖程度也是不同的，一般无线AP的最大覆盖距离可达400 m。而具备路由功能的AP就是我们常说的无线路由器，当然，无线路由器也可以通过设置改成普通AP模式，即无线交换机模式。

8. 无线交换机和无线路由器的区别

（1）无线路由器与无线交换机工作的层面不一样，无线路由器属于三层设备，可以根据IP地址进行寻址，处理TCP/IP等；而无线交换机属于二层中继设备，同普通网络交换机一样，根据MAC地址寻址。

（2）无线路由器能分配IP地址，并且具有拨号上网功能，无线路由器可以连接不同网段的网络，无线交换机提供端口扩展功能，能扩大局域网的接入点数量。

9．WiFi

WiFi是WiFi联盟的品牌认证标识（见图1-2），也指符合IEEE 802.11标准的无线局域网技术。日常生活中人们已经习惯使用“WiFi”来指代“无线网络”。

图 1-2　WiFi 标识

WiFi这个名词现在几乎是家喻户晓，其实WiFi有2.4G和5G之分，但是WiFi的2.4G、5G与移动通信中4G和5G的概念是完全不同的。移动通信中的3G、4G、5G中的G是指的“代”，是英文单词“Generation”的首字母，4G是指第四代移动通信标准，5G是第五代移动通信标准。WiFi的2.4G、5G中的G是指10^9，2.4G是指频率处于2.4～2.4 835 GHz之间的无线电波，简称2.4G无线技术。同理5G也是指无线电波的频率。

2.4G的WiFi与5G的WiFi因为频段的不同导致特性不同（见表1-1）。2.4G的WiFi工作在2.4G频段，根据电磁波的物理特性，波长越长衰减越少，2.4 GHz的电磁波频率比5 GHz的电磁波频率低，波长大于5 GHz的波长，所以信号穿过障碍物时衰减相对较少，信号传播的距离比5 GHz的距离远。但是2.4 GHz的电磁波频宽较窄，家电、无线设备大多使用2.4G频段，因此无线环境更加拥挤，干扰较大。反之5G信号频宽较宽，无线环境比较干净，干扰少，网速稳定，且5G可以支持更高的速率。

表 1-1　2.4G WiFi 与 5G WiFi 的比较

特　性	2.4G WiFi	5G WiFi
波长	长	短
频率	低	高
传输距离	远	近
环境干扰	大	小
数据传输速率	低	高

10．宽带

宽带没有具体的定义，一般是以带宽512 Kbit/s为分界，将512 Kbit/s及其以下的网络接入称为“窄带”，将512 Kbit/s以上的网络接入称为“宽带”。目前的宽带主要为光纤接入，光纤接入以光脉冲的形式来传输信号，以玻璃或有机玻璃等为网络传输介质，传输速度要比普通双绞线快得多，可以达到每秒千兆以上。

11．modem

图 1-3　调试解调器

modem为调试解调器（见图1-3），是负责数字信号与模拟信号相互转换的设备。计算机内的信息是由“0”和“1”组成的数字信号，而电话线传递的是模拟电信号，即使是光纤传输，也是脉冲光信号，因此也需要相应的modem将其转换成数字电信号，光纤使用的modem通常被称为“光猫”。

1.4 项目拓扑

项目拓扑结构如图1-4所示。

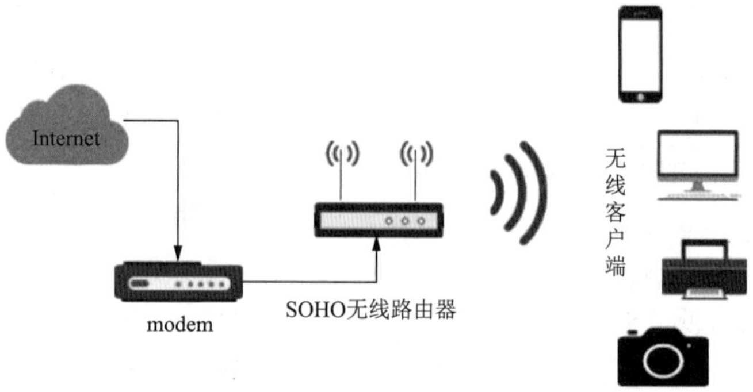

图1-4 SOHO无线局域网络

1.5 项目规划

根据图1-4规划连接方式，分别见表1-2和表1-3。

表1-2 设备规划

设备类型	本端端口	对端设备	对端端口
无线路由器	WLAN口	光猫	LAN口

表1-3 WLAN规划

设备类型	SSID	加密方式	密钥
无线路由器	zhangsan	WPA2	zhangsan

1.6 实施过程

目前主流的无线路由器都提供使用手机登录路由器进行配置的方法，相比使用计算机登录路由器进行配置，手机登录配置更加便捷。

步骤1　连接线路。以宽带光纤入户为例，如图1-5所示。

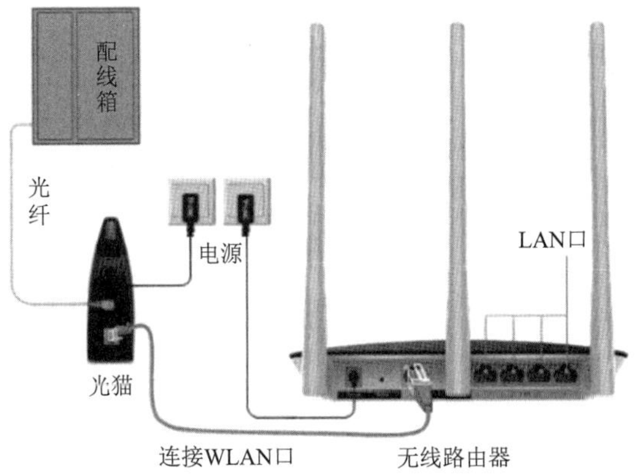

图1-5　光纤入户无线局域网络设备连接示意图

光猫和无线路由器使用网线连接，连到无线路由器的WLAN口上。LAN口是在组建有线局域网时使用的。线路连接完毕后，需要确保光猫能够使用电信公司提供的账号密码连接Internet。

步骤2　设置无线路由器上网。

（1）在路由器的底部标贴上查看路由器出厂的无线信号名称，如图1-6所示。

图1-6　路由器底部标签

（2）打开手机的无线设置，连接路由器出厂的无线信号，如图1-7所示。

（3）连接出厂WiFi后，手机会自动弹出路由器的设置页面。如果未自动弹出，则需要打开手机浏览器，在地址栏输入tplogin.cn（每个产品的地址不同）。

在弹出的窗口中设置路由器的登录密码，该密码用于以后管理路由器，需要保管，如图1-8所示。

（4）登录成功后，路由器会自动检测上网方式。

若上网方式检测为自动获取IP上网，则直接单击“下一步”按钮，无须更改上网方式，如图1-9所示。

若检测到上网方式为宽带拨号上网，则需要输入运营商提供的宽带账号和宽带密码，输入完成后单击“下一步”按钮进行设置，如图1-10所示。

图1-7　手机连接无线信号

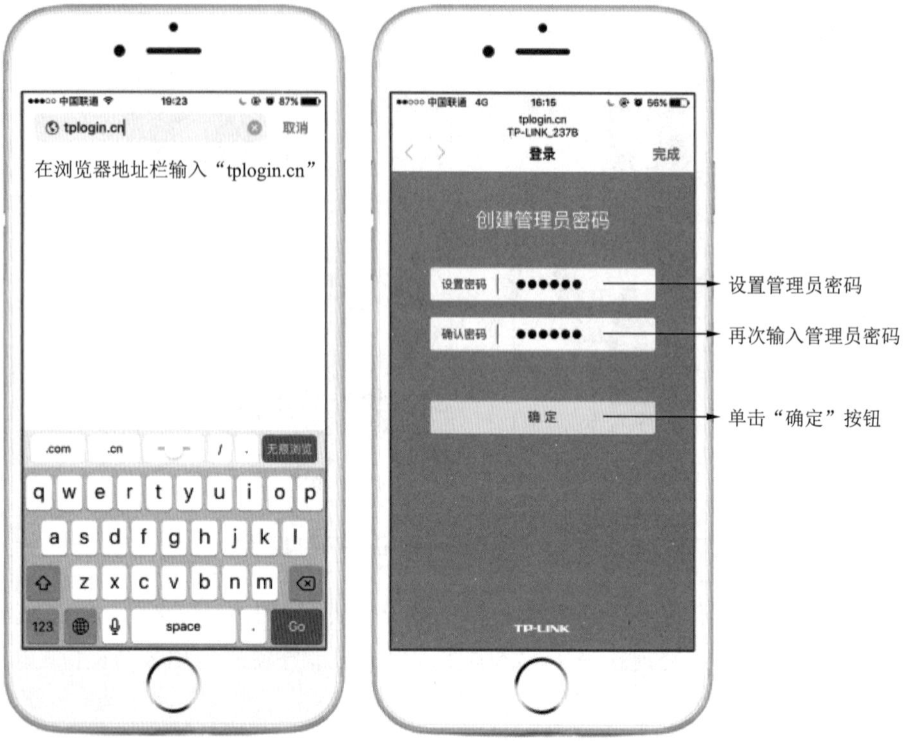

图 1-8　设置无线路由器登录密码

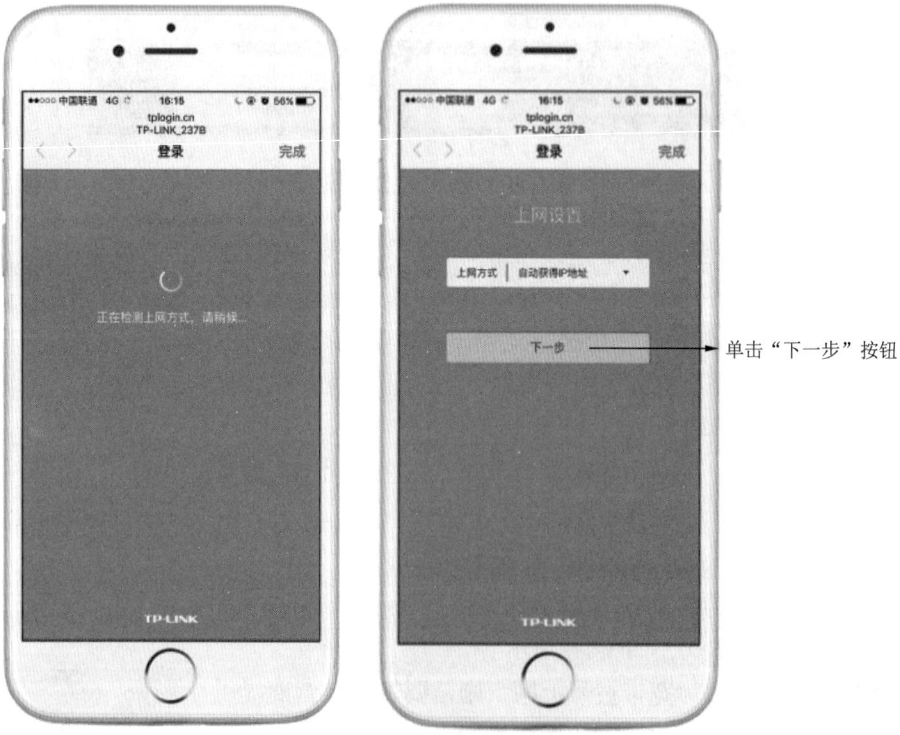

图 1-9　自动获取 IP 上网

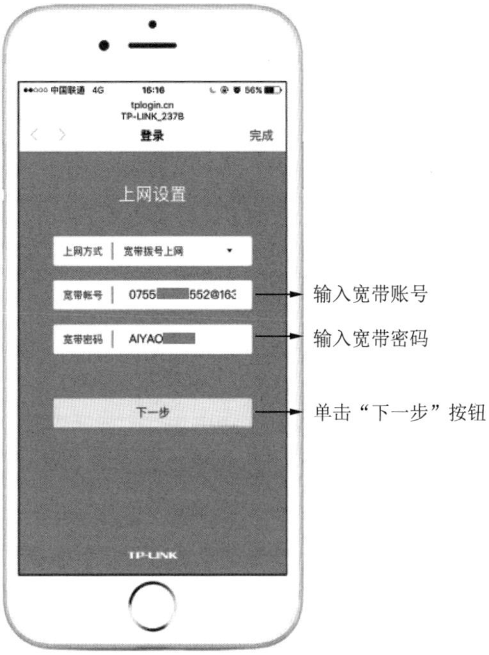

图 1-10　宽带拨号上网

（5）设置路由器的无线名称和无线密码，设置完成后，单击“确定”按钮保存配置。请一定记住路由器的无线名称和无线密码，在后续连接无线网络时需要用到，如图 1-11 所示。

图 1-11　设置 WiFi 名称和无线密码

1.7 项目验证

（1）手机端找到名称为zhangsan的无线局域网，输入密码并连接。连接成功后即可上网，如图1-12所示。

图 1-12　手机使用无线网络

（2）在具有无线网卡的计算机上，单击桌面托盘中的网络图标，能看到名称为zhangsan的无线局域网，选择并输入密码，连接成功后即可上网，如图1-13所示。

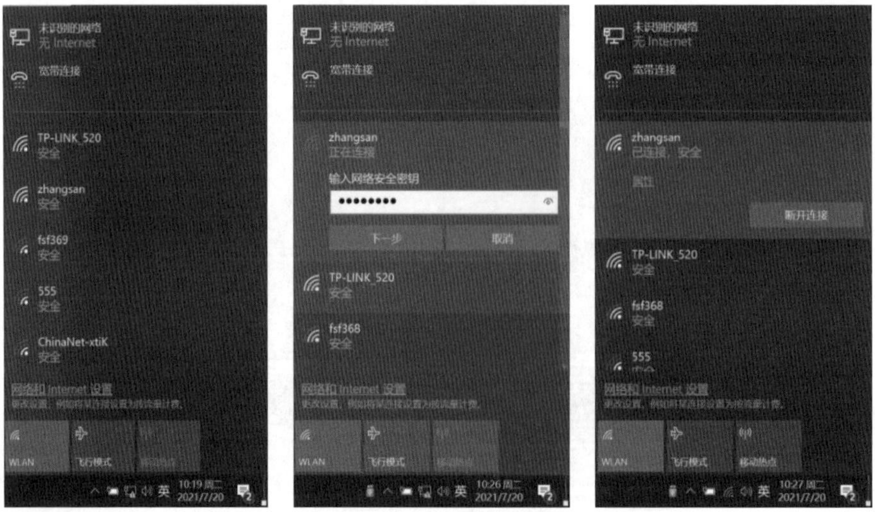

图 1-13　计算机使用无线网络

拓展练习

一、知识检测

（1）基本服务集是（　　）。

A. BSS　　B. ESS　　C. CSS　　D. BSA

（2）扩展服务集是（　　）。

A. BSS　　B. ESS　　C. CSS　　D. BSA

（3）服务集识别码SSID是（　　）。

A. AP的名称　　B. 无线路由器的名称

C. 无线网络的名称　　D. 无线终端的名称

（4）通常无线路由器发射的WiFi信号分为2.4 GHz和5 GHz两个频段，下列说法正确的是（　　）。

A. 2.4 GHz频段的信号传输的速率比5 GHz频段的更快

B. 同一产品类型的AP，2.4 GHz频段的信号传输的距离比5 GHz频段的更近

C. 同等条件下，5 GHz频段的信号比2.4 GHz频段的信号衰减得更快

D. 同等条件下，2.4 GHz频段的信号比5 GHz频段的信号衰减得更快

（5）调试解调器（modem）的功能不包括（　　）。

A. 将数字信号转化为模拟信号

B. 将模拟信号转化为数字信号

C. 将光信号转化为电信号

D. 将无线信号转化为有线信号

二、能力检测

1. 项目背景与分析

大学生创业孵化办公室刚刚投入使用，办公室可容纳20人办公，为满足他们的上网需求，目前需要部署无线网络。具体要求如下：

（1）使用SOHO无线路由器作为核心网络设备。

（2）无线路由器初次配置要求使用不带网卡的计算机，即使用网线将计算机连接在无线路由器的LAN口上。

（3）计算机IP地址需要正确设置，确保和无线路由器默认IP地址在同一网段，这样计算机浏览器才能登录无线路由器的管理页面。

（4）无线网络名称设置为zhangsan，密码设置为zhangsan001。

2. 项目拓扑

将计算机用网线连接到无线路由器的LAN口，其他连接方式和上文中的连接方式保持一致，项目拓扑结构如图1-14所示。

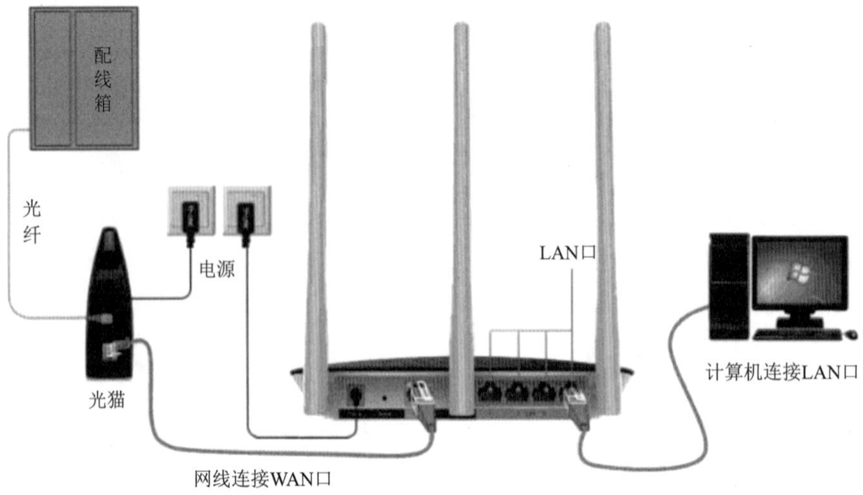

图 1-14　光纤入户无线局域网络及有线终端示意图

3. 项目规划

根据以上拓扑结构图规划连接方式，见表1-4和表1-5。

表 1-4　设备及连接规划

设备类型	本端端口	对端设备	对端端口
无线路由器	WLAN口	光猫	RJ45网口
无线路由器	LAN口	计算机	RJ45网口

表 1-5　WLAN 规划

设备类型	SSID	加密方式	密　钥
无线路由器	zhangsan	WPA2	zhangsan001

4. 实践结果提交

完成实践内容后，将自己制作的拓扑结构图、设备及连接规划表、WLAN规划表，以及过程截图提交给老师。

实践项目 2

FAT AP 组网

2.1 项目背景

小李所在项目组接到新的任务，为客户公司部署无线网络。该客户公司已经组建了自己的有线局域网，其核心交换设备是一台24口三层交换机，并且已经接入Internet。目前需要增加一台无线设备，为公司的会议室提供无线网络服务，会议室能容纳30人左右。

2.2 项目分析

公司已经具备接入Internet的三层交换机，因此只需要一台具有无线发射功能的AP即可，该AP无需路由功能，只相当于无线交换机，它将网络信号转换为无线电波发送出去。

绝大部分AP理论上可以存储2 048个无线客户端的MAC地址。但是，因为受限于AP硬件的性能问题，随着用户数量的增加，无线服务质量会降低，因此在实际情况下，无线客户端数量一般不超过30个。

AP分为FAT AP（胖AP）和FIT AP（瘦AP），从性价比的角度考虑，只需在会议室部署一台胖AP即可满足要求，而瘦AP因其应用场景不适合该项目，且它需要一台更昂贵的AC（access control，接入控制器），所以选择FAT AP。

FAT AP放置在会议室天花板上，保证整个会议室的无线信号覆盖范围和强度最优。

2.3 知识准备

1. FAT AP 与 FIT AP

无线AP通常可以分为FAT AP（胖AP）和FIT AP（瘦AP）两类，不是以外观来分辨的，而是从其工作原理和功能上来区分。当然，部分胖、瘦AP在外观上确实能分辨，比如，有WAN口的一定是胖AP。

胖AP除了无线接入功能外，一般还同时具备WAN、LAN端口，支持DHCP服务器、DNS和MAC地址克隆、VPN接入、防火墙等安全功能。胖AP通常有自带的完整操作系统，是可以独立工作的网络设备，可以实现拨号、路由等功能，一个典型的例子就是我们常见的无线路由器。

瘦AP与胖AP不同，瘦AP自身不具备管理功能，而是需要在AC的管理下才能工作。

2. SSID 模板

SSID模板主要用于配置WLAN网络的SSID名称，还可以配置其他功能，主要包括隐藏SSID功能、单个VAP（virtual access point，虚拟接入点）关联最大用户数功能、用户数达到最大时自动隐藏SSID功能和STA关联老化时间功能等。

3. 隐藏 SSID 功能

用户在创建无线网络时，为了保护无线网络的安全，可以对无线网络名称进行隐藏设置。这样，只有知道网络名称的无线用户才能连接到这个无线网络中。

4. 单个 VAP 下能够关联成功的最大用户数

单个VAP下接入的用户数越多，每个用户能够使用的平均网络资源就越少，为了保证用户的上网体验，可以根据实际的网络状况配置合理的最大用户接入数。

5. 用户数达到最大时自动隐藏 SSID 的功能

当在WLAN网络下接入的用户数达到最大时，SSID会被隐藏，新用户将无法搜索到SSID。

6. 无线用户关联老化时间

若AP连续一段时间内未收到用户的任何数据报文，当时间到达配置老化时间后，用户下线。

2.4 项目拓扑

该客户公司已经组建了自己的有线局域网，需要将FAT AP接入24口三层交换机，项目拓扑结构如图2-1所示。

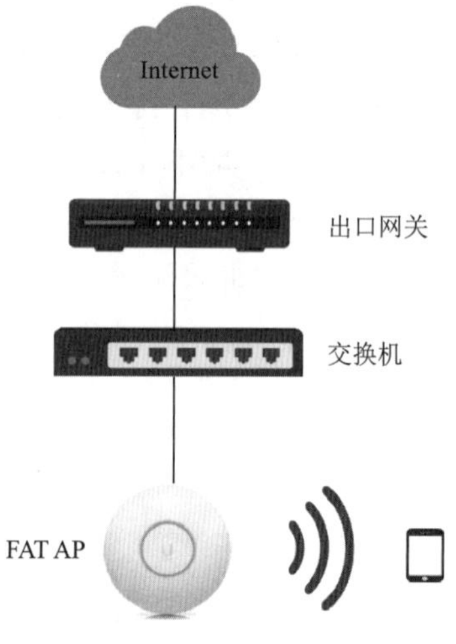

图 2-1　拓扑结构

2.5 项目规划

根据图2-1规划连接方式，规划详情见表2-1～表2-4。

表 2-1 设备规划

设　备	SSID	加密方式	密　钥
FAT AP	fap001	WPA-WPA2+PSK+AES	abc123

表 2-2 端口互联规划

设　备	设备命名	系统版本
FAT AP	ap1	Version 5.130
三层交换机	FAT AP	Release 1510

表 2-3 WLAN 规划

VLAN 类型	VID
业务VLAN	101

表 2-4 IP 规划

接口或 VLAN	IP 地址
VLAN 101	10.23.101.1/24

2.6 实施过程

步骤1 配置AP与交换机互联。

AP的配置包括VLAN的创建、端口Trunk模式的配置和端口默认VLAN的配置等。

（1）配置AP上行接口GE 0/0/0加入VLAN 101。

```
<Huawei> system-view                                  ! 进入系统视图
[Huawei] sysname AP                                   ! 重命名
[AP] vlan batch 101                                   ! 创建VLAN 101
[AP] interface gigabitethernet 0/0/0                  ! 进入接口视图
[AP-GigabitEthernet0/0/0] port link-type trunk        ! 配置干道模式
[AP-GigabitEthernet0/0/0] port trunk pvid vlan 101    ! 配置PVID（默认VLAN）
[AP-GigabitEthernet0/0/0] port trunk allow-pass vlan 101 ! 允许VLAN 101通过
[AP-GigabitEthernet0/0/0] quit                        ! 退出当前视图
```

PVID的英文解释为Port-base VLAN ID，也称默认VLAN或者本征VLAN。一个端口可以属于多个VLAN，但是只能有一个PVID。当端口从设备外部收到一个不带VLAN标签的数据帧时，会打上PVID所表示的VLAN标签，从此该数据帧就按照此VLAN的数据包进行处理，一个物理端口只能拥有一个PVID。

（2）新建VLANIF 101，并配置其IP地址。

```
[AP] interface vlanif 101                          ! 进入VLAN接口
[AP-vlanif101] ip address 10.23.101.2 24           ! 配置IP地址
[AP-vlanif101] quit                                ! 退出当前视图
```

步骤2　配置交换机上的DHCP服务，为无线用户分配IP地址。

配置基于接口地址池的DHCP服务器，GE 1/0/0为无线用户提供IP地址。

```
[Switch] dhcp enable                                  ! 开启DHCP服务
[Switch] interface gigabitethernet 1/0/0              ! 进入接口视图
[Switch-GigabitEthernet1/0/0] ip address 10.23.101.1 24 ! 配置IP地址
[Switch-GigabitEthernet1/0/0] dhcp select interface   ! 基于接口地址池的DHCP
[Switch-GigabitEthernet1/0/0]dhcp server excluded-ip-address 10.23.101.2
                                                      ! 配置不允许下发的IP
[Switch-GigabitEthernet1/0/0] quit                    ! 退出当前视图
```

步骤3　配置AP的无线业务参数。

（1）配置国家码。

```
[AP] wlan                                          ! 进入WLAN视图
[AP-wlan-view] country-code  cn                    ! cn代表中国
```

（2）创建名为test的安全模板，并配置安全策略。

```
[AP-wlan-view] security-profile name test          ! 安全模板名为test
[AP-wlan-sec-prof-test]security  wpa-wpa2  psk  pass-phrase  abc12345  aes
                                                   ! 密码为abc12345
[AP-wlan-sec-prof-test] quit                       ! 退出当前视图
```

（3）创建名为test的SSID模板，并配置SSID名称为“test”。

```
[AP-wlan-view] ssid-profile name test     ! SSID模板名称为test
[AP-wlan-ssid-prof-test] ssid fatap001    ! SSID名称为 fatap001，即无线网络名称
[AP-wlan-ssid-prof-test] quit
```

（4）创建名为test的VAP模板，配置业务VLAN，并且引用安全模板和SSID模板。

```
[AP-wlan-view] vap-profile name test                  ! VAP模板名为test
[AP-wlan-vap-prof-test] service-vlan vlan-id 101      ! 业务VLAN为101
```

```
[AP-wlan-vap-prof-test] security-profile test       ! 引入前面创建的安全模板test
[AP-wlan-vap-prof-test] ssid-profile test           ! 引入前面创建的SSID模板test
[AP-wlan-vap-prof-test] quit
```

在VAP模板下配置各项参数，然后在AP组或AP中引用VAP模板，AP上就会生成VAP，VAP用来为无线用户提供无线接入服务。通过配置VAP模板下的参数，使AP实现为无线用户提供不同无线业务服务的能力。VAP模板能够引用其他模板，例如SSID模板、安全模板等。

SSID模板主要用于配置WLAN网络的SSID名称，还可以配置无线用户关联老化时间。

安全模板主要用于配置WLAN网络的安全策略，包括对无线用户的认证和加密。安全策略主要有开放认证、WEP、WPA/WPA2-PSK、WPA/WPA2-802.1x、WAPI-PSK和WAPI-证书等。

步骤4　配置VAP。

```
[AP] interface wlan-radio0/0/0                      ! 进入Radio 0/0/0接口
[AP-Wlan-Radio0/0/0] vap-profile test wlan 1        ! 引用前面创建的VAP模板test
[AP-Wlan-Radio0/0/0]quit
[AP] interface wlan-radio0/0/1                      ! 进入Radio 0/0/1接口
[AP-Wlan-Radio0/0/1] vap-profile test wlan 1        ! 引用前面创建的VAP模板test
```

2.7　项目验证

配置完成后会自动生效，通过执行命令display vap ssid fatap001查看如下信息，当“Status”项显示为“ON”时，表示AP对应的射频上的VAP已创建成功。

```
[AP] display vap ssid fatap001
WID : WLAN ID
--------------------------------------------------------------------------
AP MAC          RfID WID BSSID          Status Auth type     STA SSID
--------------------------------------------------------------------------
00e0-d330-a5b1 0    1    0220-b40e-f200 ON     WPA/WPA2-PSK 0   fatap001
--------------------------------------------------------------------------
Total: 1
```

在计算机上开启WLAN服务，查看WLAN列表中是否出现名称为fatap001的无线网络，如图2-2所示。

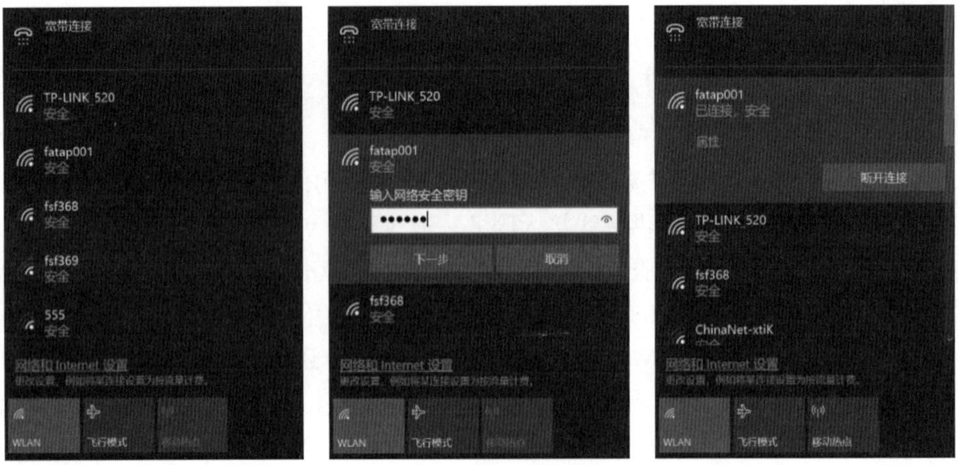

图 2-2　连接 WLAN

在FAT AP上查询无线用户的信息。

```
[AP] display station all
Rf/WLAN: Radio ID/WLAN ID
Rx/Tx: link receive rate/link transmit rate(Mbps)
------------------------------------------------------------------------
STA MAC           Ap name           Rf/WLAN   vlan   IP address    SSID
------------------------------------------------------------------------
7a4b-e2c4-c5d9    00e0-d330-a5b1    0/1       101    10.23.101.2   fatap001
------------------------------------------------------------------------
Total: 1 2.4G: 1 5G: 0
```

结果显示，一个无线用户获得连接，该无线用户的IP地址是10.23.101.2，由DHCP自动分配所得，且属于VLAN 101。

拓 展 练 习

一、知识检测

（1）FAT AP和FIT AP的区别是什么？

（2）缺省VLAN的含义是什么？

（3）SSID模板的作用是什么？

（4）VAP模板的作用是什么？

二、能力检测

1．项目背景与分析

大学生创业孵化基地刚刚投入使用，该基地是一栋写字楼里的其中一层，占地

400 m²，有三个办公室，每个办公室可容纳30人办公。该写字楼已经部署了有线局域网，局域网核心交换机提供DHCP服务，为满足他们的上网需求，目前需要部署无线网络，具体要求如下：

（1）每个办公室使用一个FAT AP作为无线网络设备。

（2）SSID分别设置为fatap001、fatap002、fatap003，密码均为123456。

2. 项目拓扑（见图2-3）

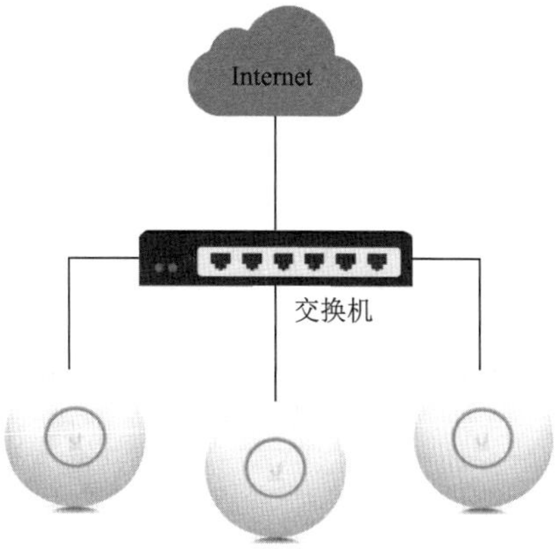

图2-3　拓扑结构

3. 项目规划

根据以上拓扑结构图规划连接方式，规划详情填入表2-5～表2-8。

表2-5　设备规划

设　备	SSID	加密方式	密　钥

表2-6　端口互联规划

设　备	设备型号	设备命名	系统版本

表2-7　WLAN规划

VLAN	VID

表2-8　IP规划

接口或VLAN	IP地址

4. 实践结果提交

完成实践内容后，将自己制作的拓扑结构图、设备规划表、端口互联规划表、WLAN规划表、IP规划表，以及过程截图提交给老师。

实践项目 3

AC+FIT AP 二层组网（直接转发）

3.1 项目背景

小李所在项目组接到新的任务，为一家旅馆部署无线网络。该旅馆刚刚建成，共10层，每层20个房间。客户要求每个房间都能使用WiFi正常上网。目前旅馆已经办理了宽带业务。

3.2 项目分析

因为房间数量众多，从信号强度、设备成本和维护难度等方面综合考虑，该项目不宜选择FAT AP的部署方案，更不适合在每个房间部署家庭无线路由器（SOHO无线路由器）。最合理的方案是部署无线控制器AC+FIT AP方式的无线局域网。

3.3 知识准备

1. FAT AP 的劣势

在中大型的WLAN项目中会有很多AP，而FAT AP需要逐一进行配置，例如，网关IP地址、SSID和加密认证方式等无线业务参数，还包括信道和发射功率等射频参数管理、访问控制列表和QoS等服务策略等，给工程带来了很大的操作成本。

管理AP时需要维护大量AP的IP地址列表，查看网络运行状况和用户统计、在线更改服务策略、安全策略设定和升级AP软件也都需要逐一登录到AP设备，维护难度大。

接入AP的边缘网络设备为了能够支持无缝漫游，需要配置所有无线用户可能使用的VLAN和ACL，工作量大。

2. AC+FIT AP

为了实现VLAN网络的快速部署、网络设备的集中管理、精细化的用户管理，目前企业均采用集中控制型WLAN组网方式，即AC+FIT AP方式。

在AC+FIT AP方式中，由AC和FIT AP配合在一起提供传统AP的功能，无线控制器集中处理所有安全、控制和管理功能，FIT AP只提供可靠的、高性能的射频功能。FIT AP由AC统一配置，无需单独手动配置AP，即AP零配置。

AP与AC间的报文分为管理报文和业务报文，其中管理报文必须由WAPCAP协议加密，即WAPCAP隧道封装，而业务报文可以根据实际情况选择是否进行WAPCAP隧道封装。

3. AC+FIT AP的优势

FIT AP启动时能够自动获取IP地址，自动发现可接入的AC设备，且对网络拓扑依赖度低。FIT AP自动从AC下载适合自身的配置信息，运维人员只需在AC端配置一次，所有辖区内的FIT AP就会统一被配置，配置信息的更新也只需在AC端配置。AC+FIT AP组网方式可以在任何现有的二层或三层网络中部署，应用场景丰富。

4. AC+FIT AP组网方式

AC+FIT AP方案根据组网架构模式，分为二层组网横式和三层组网横式，如图3-1所示。

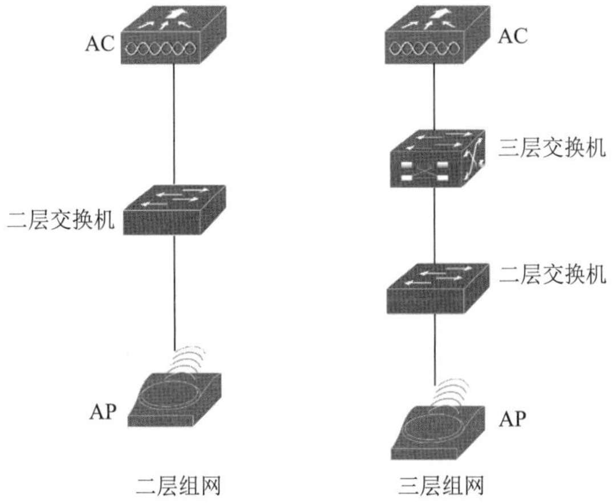

图3-1　AC+FIT AP组网方式中的二层组网和三层组网

（1）二层组网模式。当AC与AP两个设备直接连接或者处于同一个二层网络时，此组网方式为二层组网。AC和AP属于同一个二层广播域。二层组网模式不适用于如学校、中大型企业园区等大型网络。

（2）三层组网模式。当AC与AP之间的网络为三层网络时，AC和AP属于不同的IP网段，AC和AP之间的通信需要通过路由器或者三层交换机路由转发功能来完成。三层组网模式中，一台AC可以连接很多台AP，性能高的AC可以管理几千台AP。在大型园区网络中，AC和AP之间的网络就适合采用三层组网模式。

5．默认 VLAN

默认VLAN又称PVID。当交换机接口收到不带VLAN标签的数据帧时，即收到Untagged数据帧时，需要给该数据帧添加VLAN标签，添加什么VLAN标签是由接口上配置的缺省VLAN决定的。具体过程是：

当接口接收数据帧时，如果接口收到一个Untagged帧，交换机会根据给此数据帧添加PVID，然后再交给交换机内部处理；如果接口收到一个Tagged帧，即收到带有VLAN标签的数据帧时，交换机则不会再给该帧添加PVID。

当接口发送数据帧时，如果发现此数据帧的Tag的VID值与PVID相同，则交换机会将Tag去掉，然后再从此接口发送出去。

每个接口都有一个默认VLAN。缺省情况下，所有接口的默认VLAN均为VLAN 1，但用户可以根据需要进行配置。

对于Access接口，默认VLAN就是它允许通过的VLAN，修改接口允许通过的VLAN即可更改接口的缺省VLAN。

对于Trunk接口和Hybrid接口，一个接口可以允许多个VLAN通过，但是只能有一个默认VLAN，修改接口允许通过的VLAN不会更改接口的默认VLAN。

3.4 项目拓扑

项目拓扑结构如图3-2所示。

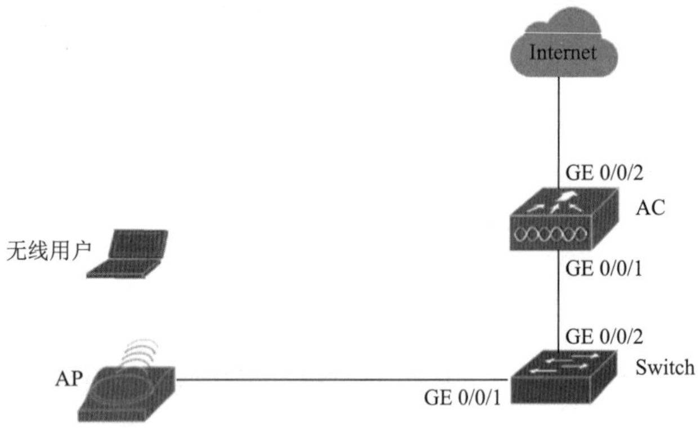

图 3-2　拓扑结构

3.5 项目规划

根据图3-2规划连接方式，规划详情见表3-1～表3-5。

表 3-1　设备规划

设备类型	设备型号	设备命名	系统版本
FIT AP	HUAWEI WA5530	1-301	Version 5.160
交换机	HUAWEI S3700	Switch	Version 5.110
AC	HUAWEI AC6605	AC	Version 5.160

表 3-2　端口互联规划

设　备	本端端口	对端设备	对端端口
交换机	GE 0/0/1	AP	以太网口（poe）
交换机	GE 0/0/2	AC	G 0/0/1

表 3-3　WLAN 规划

设　备	SSID	加密方式	密　钥
AC	fitap001	WPA-WPA2+PSK+AES	abc12345

表 3-4　IP 及端口规划

设　备	接　口	规　划	备　注
交换机	GE 0/0/1	Trunk（设置 PVID 100）	允许 VLAN 100 101 通过
交换机	GE 0/0/2	Trunk	允许 VLAN 100 101 通过
AC	GE 0/0/1	Trunk	允许 VLAN 100 101 通过
AC	GE 0/0/2	Trunk	允许 VLAN 101 通过
AC	VLAN 100 接口	10.23.100.1/24	同时作为 DHCP 接口地址池
AC	VLAN 101 接口	10.23.101.1/24	同时作为 DHCP 接口地址池

表 3-5　DHCP 规划

地址池名称	地址范围	网　关
VLANIF 100	10.23.100.0/24	10.23.100.1
VLANIF 101	10.23.101.0/24	10.23.101.1

3.6　实施过程

步骤 1　配置交换机。

配置接入交换机 Switch 的 GE 0/0/1 和 GE 0/0/2 接口加入 VLAN 100 和 VLAN 101，GE 0/0/1 的默认 VLAN 为 VLAN 100。

```
[Switch] vlan batch 100 101                                ! 创建VLAN 100 101
[Switch] interface gigabitethernet 0/0/1                   ! 进入接口视图
[Switch-GigabitEthernet0/0/1] port link-type trunk         ! 设置Trunk模式
[Switch-GigabitEthernet0/0/1] port trunk pvid vlan 100
              ! 设置默认VLAN，给AP发送过来的Untagged数据帧添加VLAN100标签
```

```
[Switch-GigabitEthernet0/0/1]port trunk allow-pass VLAN 100 101
                ! 直接转发模式下，允许VLAN 101通过
[Switch-GigabitEthernet0/0/1] port-isolate enable ! 端口隔离，隔离广播
[Switch-GigabitEthernet0/0/1] quit
[Switch] interface gigabitethernet 0/0/2          ! 进入接口视图
[Switch-GigabitEthernet0/0/2] port link-type trunk
[Switch-GigabitEthernet0/0/2]port trunk allow-pass vlan 100 101
                ! 直接转发模式下，允许VLAN 101通过
[Switch-GigabitEthernet0/0/2] quit
```

对于交换机GigabitEthernet 0/0/1接口而言，从AP发送过来的报文是不带有VLAN标签的。在交换机GigabitEthernet 0/0/1接口上设置PVID为100之后，交换机会给从AP发送过来的报文添加VLAN 100标签。另外，无线客户端（如手机）发送的业务报文（VLAN 101）也需要通过交换机接口，因此需将allow-pass配置为VLAN 100和101。

步骤2 配置AC。

（1）配置AC的接口GE 0/0/1加入VLAN 100和VLAN 101，接口GE0/0/2加入VLAN 101。

```
[AC] vlan batch 100 101
[AC] interface gigabitethernet 0/0/1  ! 与交换机上对端接口配置内容一致
[AC-GigabitEthernet0/0/1] port link-type trunk
[AC-GigabitEthernet0/0/1]port trunk allow-pass vlan 100 101
                                      ! 需要放行VLAN 100和VLAN 101
[AC-GigabitEthernet0/0/1] quit
[AC] interface gigabitethernet 0/0/2
[AC-GigabitEthernet0/0/2] port link-type trunk
[AC-GigabitEthernet0/0/2] port trunk allow-pass vlan 101
                                      ! 只放行VLAN 101，即无线用户的业务报文
[AC-GigabitEthernet0/0/2] quit
```

在AC的GigabitEthernet 0/0/1接口上允许VLAN 100和VLAN 101数据帧通过，即允许无线用户和AP设备的数据通过。而在AC的GigabitEthernet 0/0/2接口上只允许VLAN 101通过，是因为VLAN 101数据帧为无线用户的业务报文，需要发送到外部网络，而VLAN 100数据为AP发送给AC的内部数据，无须发送到外部网络。

（2）在AC上配置VLANIF 100接口，作为VLAN 100内物理设备的接口地址池，为AP提供IP地址。配置VLANIF 101接口地址池，为无线客户提供IP地址。

```
[AC] dhcp enable
[AC] interface vlanif 100
[AC-vlanif100] ip address 10.23.100.1 24          ! VLAN 100接口的IP地址
[AC-vlanif100] dhcp select interface              ! 接口地址池模式
[AC-vlanif100] quit
[AC] interface vlanif 101
```

```
[AC-vlanif101] ip address 10.23.101.1 24          ! VLAN 101接口的IP地址
[AC-vlanif101] dhcp select interface              ! 接口地址池模式
[AC-vlanif101] quit
```

（3）配置AP上线。

```
[AC] wlan                                         ! 进入WLAN视图
[AC-wlan-view] ap-group name test
        ! 创建名为test的AP组，用于将相同配置的AP都加入同一AP组中
[AC-wlan-ap-group-test] quit
[AC-wlan-view] regulatory-domain-profile name test ! 创建域管理模板
[AC-wlan-regulate-domain-test] country-code cn    ! 配置国家码为cn（中国）
[AC-wlan-regulate-domain-test] quit
[AC-wlan-view] ap-group name test
[AC-wlan-ap-group-test] regulatory-domain-profile test
        ! 在AP组下引用域管理模板，系统警告会清空信道、功率等已有设置并重启AP。输入y
Warning: Modifying the country code will clear channel, power and antenna
gain configurations of the radio and reset the AP.  Continue?[Y/N]: y
[AC-wlan-ap-group-test] quit
[AC-wlan-view] quit
[AC] capwap source interface vlanif 100           ! 配置AC的源接口
```

（4）AP接入AC的认证模式默认为MAC认证。

```
[AC] wlan                                         ! 进入WLAN视图
[AC-wlan-view] ap auth-mode mac-auth
                          ! 认证模式为mac-auth，即使用AP的MAC地址认证
[AC-wlan-view] ap-id 0 ap-mac 0c20-a4b3-f3d0      ! 手动输入AP的MAC地址
[AC-wlan-ap-0]ap-name 1-301
        ! AP的名称1-301与位置信息有关，了解AP的部署位置可以方便设备的维护
Warning: This operation may cause AP reset. Continue? [Y/N]:y
[AC-wlan-ap-0] ap-group test  ! 此处命令重置AP，起到刷新配置的作用
Warning: This operation may cause AP reset. If the country code changes,
it will clear channel, power and antenna gain configurations of the radio,
Whether to continue? [Y/N]:y
[AC-wlan-ap-0] quit
```

将AP上电后，当执行命令display ap all查看到AP的“State”字段为“nor”时，表示AP正常上线。

```
[AC-wlan-view] display ap all
Total AP information:
nor  : normal              [1]
Extra information:
```

```
P  : insufficient power supply
-------------------------------------------------------------------
ID MAC            Name  Group IP           Type      State STA ExtraInfo
-------------------------------------------------------------------
0  0c20-a4b3-f3d0 1-301 test  10.23.100.2  AP5030DN  nor   0
-------------------------------------------------------------------
Total: 1
```

（5）配置WLAN业务参数。

```
[AC-wlan-view] security-profile name test          ！安全模板
[AC-wlan-sec-prof-test] security wpa-wpa2 psk pass-phrase  abc12345 aes
                                       ！安全策略和密码设置，密码为abc12345
[AC-wlan-sec-prof-test] quit
[AC-wlan-view] ssid-profile name test  ！创建名为test的SSID模板
[AC-wlan-ssid-prof-test] ssid fitap001 ！SSID名称也为fitap001
[AC-wlan-ssid-prof-test] quit
[AC-wlan-view] vap-profile name test   ！创建名为test的VAP模板
[AC-wlan-vap-prof-test]forward-mode direct-forward
                                       ！业务数据转发模式为直接转发
[AC-wlan-vap-prof-test] service-vlan vlan-id 101  ！业务VLAN为101
[AC-wlan-vap-prof-test] security-profile test      ！引用安全模板
[AC-wlan-vap-prof-test] ssid-profile test          ！引用SSID模板
[AC-wlan-vap-prof-test] quit
[AC-wlan-view] ap-group name test                  ！进入ap-group视图
[AC-wlan-ap-group-test] vap-profile test wlan 1 radio 0
                    ！引用VAP模板，AP上射频0和射频1都使用VAP模板test的配置
[AC-wlan-ap-group-test] vap-profile test wlan 1 radio 1
[AC-wlan-ap-group-test] quit
```

（6）配置AP射频的信道和功率。

```
[AC-wlan-view] ap-id 0                             ！进入编号为0的AP视图
[AC-wlan-ap-0] radio 0                             ！进入编号为0的射频视图
[AC-wlan-radio-0/0] calibrate auto-channel-select disable
        ！关闭AP射频0的信道和功率自动调优功能，部分版本当前视图下不支持此命令时可忽略
[AC-wlan-radio-0/0] calibrate auto-txpower-select disable
[AC-wlan-radio-0/0]channel  20mhz  6！配置AP射频0的频率为20MHz，信道为6
Warning: This action may cause service interruption.Continue?[Y/N]y
[AC-wlan-radio-0/0] eirp 127                       ！配置AP射频0的功率
[AC-wlan-radio-0/0] quit
[AC-wlan-ap-0] radio 1                             ！进入编号为1的射频视图
[AC-wlan-radio-0/1] calibrate auto-channel-select disable
      ！关闭AP射频1的信道和功率自动调优功能，部分版本当前视图下不支持此命令时可忽略
```

```
[AC-wlan-radio-0/1] calibrate auto-txpower-select disable
[AC-wlan-radio-0/1] channel 20mhz 149  ！配置AP射频1的频率为20MHz，信道为149
Warning: This action may cause service interruption. Continue?[Y/N]y
[AC-wlan-radio-0/1] eirp 127           ！配置AP射频1的功率
[AC-wlan-radio-0/1] quit
[AC-wlan-ap-0] quit
```

3.7 项目验证

WLAN业务配置会自动下发给AP，配置完成后，通过执行命令display vap ssid fitap001查看如下信息，当“Status”项显示为“ON”时，表示AP对应的射频上的VAP已创建成功。

```
[AC-wlan-view] display vap ssid fitap001
WID : WLAN ID
------------------------------------------------------------------------
AP-id AP-name RfID     BSSID       Status     Auth type     STA     SSID
------------------------------------------------------------------------
0    1-301     0    8a50-4e71-b300    ON    WPA/WPA2-PSK    0    fitap001
0    1-301     1    8a50-4e71-b310    ON    WPA/WPA2-PSK    0    fitap001
------------------------------------------------------------------------
Total: 2
```

在无线用户（笔记本计算机）上开启WLAN服务，查看WLAN列表中是否出现fitap001，无线客户搜索到名为fitap001的无线网络，输入密码abc12345并正常关联，如图3-3所示。

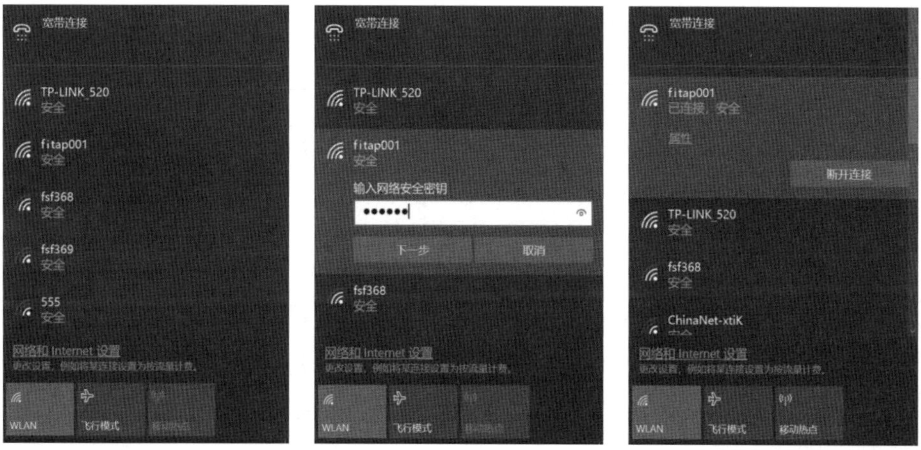

图 3-3　连接 WLAN

在AC上执行display station ssid fitap001命令，可以查看到无线用户已经接入到无线网络fitap001中，无线用户的IP地址是10.23.101.5，由DHCP自动分配所得到的，属于VLAN 101。

```
[AC-wlan-view] display station ssid fitap001
Rf/WLAN: Radio ID/WLAN ID
Rx/Tx: link receive rate/link transmit rate(Mbps)
---------------------------------------------------------------
STA-MAC          AP-ID  Ap-name  Rf/WLAN  Band  Type  vlan  IP address
---------------------------------------------------------------
e200-3c17-3e8a  0      1-301    1/1      5G    11n   101   10.23.101.5
---------------------------------------------------------------
Total: 1 2.4G: 0 5G: 1
```

拓 展 练 习

一、知识检测

（1）AC在无线网络中的功能不包括（　　）。

A．集中管理AP　　B．实现漫游功能

C．无线入侵检测　　D．发送无线信号

（2）下列命令可以配置交换机端口为Trunk模式的是（　　）。

A．switchport trunk　　B．trunk

C．port link-type trunk　　D．mode trunk

（3）作为AP和AC建立CAPWAP隧道的VLAN是（　　）。

A．管理VLAN　　B．服务VLAN

C．用户VLAN　　D．认证VLAN

（4）以下对FIT AP的描述正确的是（　　）。

A．FIT AP又称为无线路由器

B．FIT AP由于功能欠缺，正逐渐被FAT AP取代

C．FIT AP无法单独配置，必须与无线控制器配合使用

D．FIT AP可以实现认证、加密、QoS等功能

（5）对于CAPWAP协议，下面描述错误的是（　　）。

A．AC和FIT AP之间的传输协议

B．FIT AP与无线客户端之间的传输协议

C．由CAPWAP工作组制定

D．CAPWAP协议的制定吸取了其他协议的部分特性

二、能力检测

1. 项目背景与分析

大学生创业孵化基地发展良好，又增加一层，共两层，目前每层10个办公室，共20个办公室。为满足每个办公室的上网需求，计划部署AC+FIT架构的无线局域网。具体要求如下：

（1）每层走廊部署两个FIT AP作为无线网络设备。为每个AP设置与楼层和位置相关的名称，如2-501。

（2）SSID为fitap001，密码为abc12345。

2. 项目拓扑（见图 3-4）

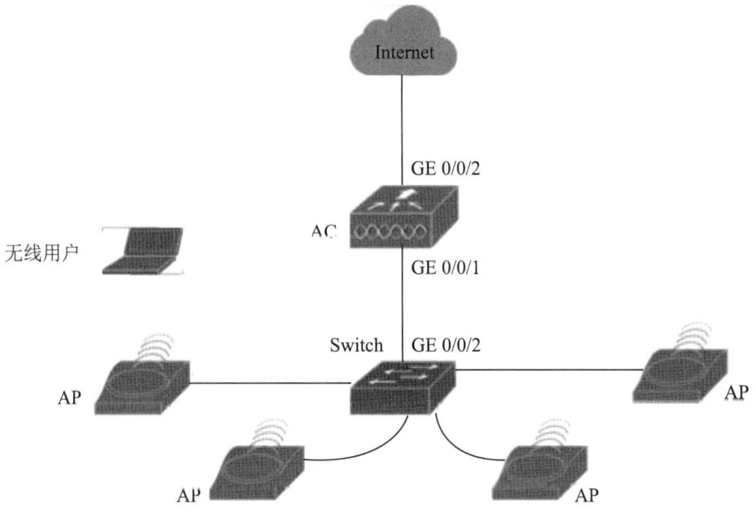

图 3-4　拓扑结构

3. 项目规划

根据以上拓扑结构图规划连接方式，规划详情填入表3-6～表3-10。

表 3-6　设备规划

设备类型	设备型号	设备命名	系统版本

表 3-7　端口互联规划

设　　备	本端端口	对端设备	对端端口

表 3-8　WLAN 规划

设　备	SSID	加密方式	密　钥

表 3-9　IP 及端口规划

设　备	接　口	规　划	备　注

表 3-10　DHCP 规划

地址池名称	地址范围	网　关

4. 实践结果提交

完成实践内容后，将自己制作的拓扑结构图、设备规划表、端口互联规划表、WLAN规划表、IP及端口规划表、DHCP规划表，以及过程截图提交给老师。

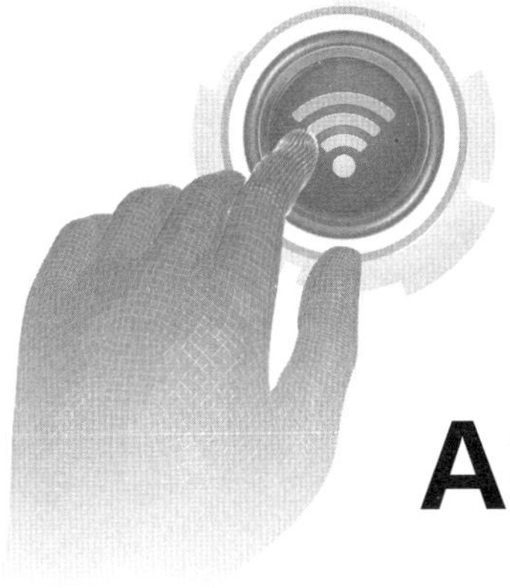

实践项目 4

AC+FIT AP 二层组网（隧道转发）

4.1 项目背景

本实践项目是在实践项目 3 的基础上，对数据转发方式进行更改。在实践项目 3 中，数据转发方式为 direct-forward，即直接转发。WLAN 网络中还有另外一种转发方式称作 CAPWAP（control and provisioning of wireless access points protocol specification）隧道转发，即集中转发。本实践项目将本地转发更改为隧道转发，并介绍两者的不同之处。

4.2 项目分析

AP 和 AC 之间建立 CAPWAP 隧道，AC 通过该 CAPWAP 隧道实现对 AP 的集中配置和管理。

无线用户的业务数据可以通过 CAPWAP 隧道在 AP 与 AC 之间转发（隧道转发模式），如图 4-1 所示，也可以采用直接转发（直接转发模式），如图 4-2 所示。

本实践项目使用隧道转发模式，需要在接口上对 VLAN 的通行进行更改，以适应隧道转发方式。

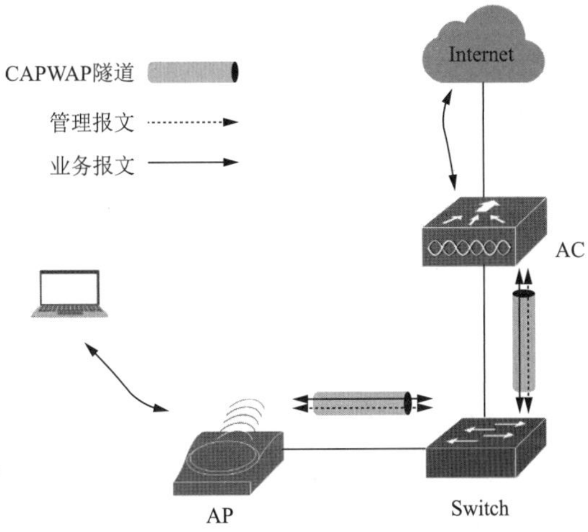

图 4-1 隧道转发

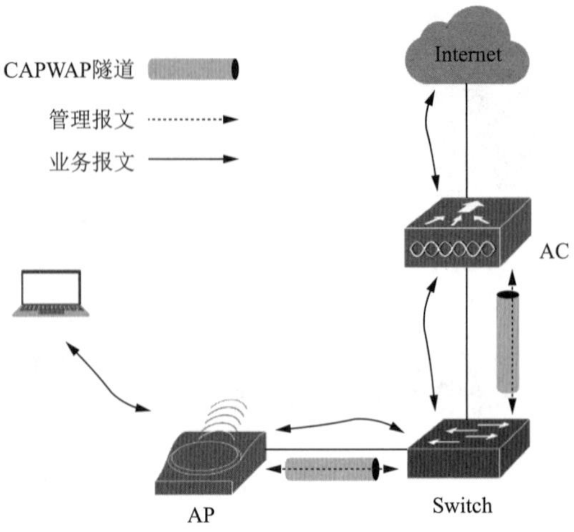

图 4-2　直接转发

4.3 知识准备

1. CAPWAP 隧道

WLAN网络中的报文包括管理报文和业务报文。管理报文是AC与AP之间发送的用于管理的数据；业务报文是无线用户登录WLAN网络后，发送的业务数据，例如，连接Internet。管理数据必须封装在CAPWAP隧道中传输，而业务报文的转发包括直接转发和CAPWAP隧道转发两种方式，业务数据可以根据实际情况选择是否封装在CAPWAP隧道中传输。

CAPWAP定义了AP与AC之间的通信规则，为实现AP和AC之间的互通性提供通用封装和传输机制。CAPWAP隧道封装发往AC的802.11协议的数据包并提供远程AP配置和WLAN管理。

2. 隧道转发和直接转发

隧道转发时，AP与AC间的所有数据经过CAPWAP隧道封装后再由AC转发到上层网络，从而提高报文的转发安全性（见图4-1），管理报文和业务报文均被封装到CAPWAP隧道中。采用此种数据转发方式，可以大大提高数据的安全性，还可以对数据进行集中控制，比如QoS等。由于在隧道转发模式下，所有无线用户业务数据流量都将汇聚到AC上处理，存在交换瓶颈的风险，因此在企业组网中不常采用。

直接转发时，AP与AC间的业务数据没有经过CAPWAP隧道封装，直接转发到上层网络（见图4-2），只有管理报文经过CAPWAP隧道封装。直接转发可以不受AC的处理能力和带宽的限制，从而提高数据的转发效率。配置CAPWAP隧道断链保持以后，也可以减少无线用户断网的风险。

4.4　项目拓扑

项目拓扑结构如图4-3所示。

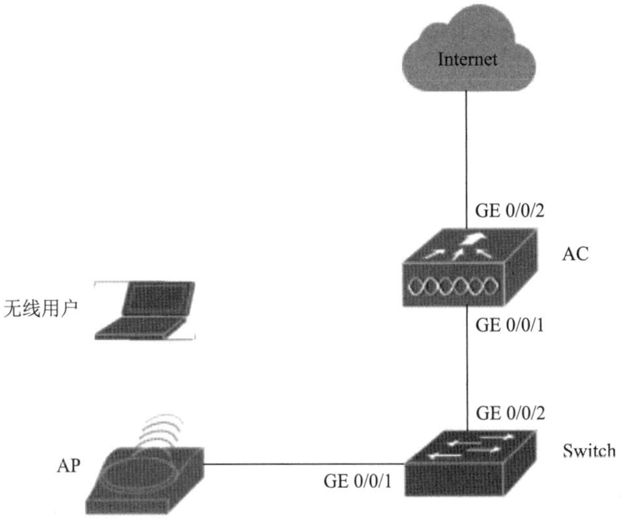

图 4-3　拓扑结构

4.5　项目规划

根据图4-3规划连接方式，规划详情见表4-1～表4-5。

表 4-1　设备规划

设备类型	设备型号	设备命名	系统版本
FIT AP	HUAWEI WA5530	1-301	Version 5.160
交换机	HUAWEI S3700	Switch	Version 5.110
AC	HUAWEI AC6605	AC	Version 5.160

表 4-2　端口互联规划

设　备	本端端口	对端设备	对端端口
交换机	GE 0/0/1	AP	以太网口（poe）
交换机	GE 0/0/2	AC	G 0/0/1

表 4-3　WLAN 规划

设　备	SSID	加密方式	密　钥
AC	fitap001	WPA-WPA2+PSK+AES	abc12345

表 4-4　IP 及端口规划

设　备	接　口	规　划	备　注
交换机	GE 0/0/1	Trunk（设置PVID 100）	允许VLAN 100通过
交换机	GE 0/0/2	Trunk	允许VLAN 100通过
AC	GE 0/0/1	Trunk	允许VLAN 100通过
AC	GE 0/0/2	Trunk	允许VLAN 101通过
AC	VLAN 100接口	10.23.100.1/24	同时作为DHCP接口地址池
AC	VLAN 101接口	10.23.101.1/24	同时作为DHCP接口地址池

表 4-5　DHCP 规划

地址池名称	地 址 范 围	网　关
VLANIF 100	10.23.100.0/24	10.23.100.1
VLANIF 101	10.23.101.0/24	10.23.101.1

4.6 实施过程

步骤1　配置交换机。

配置接入交换机Switch的GE 0/0/1和GE 0/0/2接口加入VLAN 100，GE0/0/1的默认VLAN为VLAN 100。

```
[Switch] vlan batch 100                                 ！创建VLAN 100
[Switch] interface gigabitethernet 0/0/1                ！进入接口
[Switch-GigabitEthernet0/0/1] port link-type trunk      ！设置Trunk模式
[Switch-GigabitEthernet0/0/1] port trunk pvid vlan 100
              ！设置默认VLAN，给AP发送过来的Untagged数据帧添加VLAN 100标签
[Switch-GigabitEthernet0/0/1]port trunk allow-pass vlan 100
              ！隧道转发模式下，只需允许VLAN 100通过
[Switch-GigabitEthernet0/0/1] port-isolate enable       ！端口隔离可以隔离广播
[Switch-GigabitEthernet0/0/1] quit
[Switch] interface gigabitethernet 0/0/2                ！进入接口
[Switch-GigabitEthernet0/0/2] port link-type trunk
[Switch-GigabitEthernet0/0/2]port trunk allow-pass vlan 100
              ！隧道转发模式下，只需允许VLAN 100通过
[Switch-GigabitEthernet0/0/2] quit
```

在隧道转发方式下，交换机连接AP的端口PVID设置为VLAN 100。因为在隧道转发模式下，无论是业务数据（VLAN 101）还是管理数据（VLAN 100），数据帧都被AP进行了CAPWAP隧道封装，业务数据VLAN 101标签被封装在内部。数据帧被AP封装后，进入交换机连接AP的端口，此时该端口PVID为VLAN 100，数据帧被打上VLAN 100的标

签，因此，此时交换机端口allow-pass设置成VLAN 100即可，无须设置VLAN 101。

步骤2 配置AC。

（1）配置AC的接口GE 0/0/1加入VLAN 100和VLAN 101，接口GE 0/0/2加入VLAN 101。

```
[AC] vlan batch 100 101
[AC] interface gigabitethernet 0/0/1         ! 进入接口
[AC-GigabitEthernet0/0/1] port link-type trunk
[AC-GigabitEthernet0/0/1]port trunk allow-pass vlan 100
           ! 端口不需要放行VLAN 101，因为数据被AP进行了CAPWAP隧道封装，VLAN标签是100
[AC-GigabitEthernet0/0/1] quit
[AC] interface gigabitethernet 0/0/2         ! 进入接口
[AC-GigabitEthernet0/0/2] port link-type trunk
[AC-GigabitEthernet0/0/2] port trunk allow-pass vlan 101
                                             ! 允许无线用户的数据通过
[AC-GigabitEthernet0/0/2] quit
```

在AC的GigabitEthernet 0/0/1接口上允许VLAN 100数据帧通过，并没有允许VLAN 101数据帧通过，因为AP与AC间的数据均进行了CAPWAP隧道封装，属于VLAN 100，所以无须允许VLAN 101通过。在AC的GigabitEthernet 0/0/2接口上只允许VLAN 101通过，是因为此接口是上行接口（通往Internet方向），从隧道封装里解封装出来的业务数据（VLAN 101）需要经过此端口发送到外部网络，所以AC的GigabitEthernet 0/0/2接口设置了VLAN 101通过。

（2）在AC上配置VLANIF 100接口，作为VLAN 100内物理设备的接口地址池，为AP提供IP地址。配置VLANIF 101接口地址池，为无线客户提供IP地址。

```
[AC] dhcp enable                             ! 启动DHCP服务
[AC] interface vlanif 100
[AC-vlanif100] ip address 10.23.100.1 24     ! VLAN 100接口的IP地址
[AC-vlanif100] dhcp select interface         ! 接口地址池模式
[AC-vlanif100] quit
[AC] interface vlanif 101
[AC-vlanif101] ip address 10.23.101.1 24     ! VLAN 101接口的IP地址
[AC-vlanif101] dhcp select interface         ! 接口地址池模式
[AC-vlanif101] quit
```

（3）配置AP上线。

```
[AC] wlan
[AC-wlan-view] ap-group name test
                    ! 创建名为test的AP组，用于将相同配置的AP都加入同一AP组中
[AC-wlan-ap-group-test] quit
[AC-wlan-view] regulatory-domain-profile name test ! 创建名为test的域管理模板
```

```
[AC-wlan-regulate-domain-test] country-code cn    ！配置国家码为cn（中国）
[AC-wlan-regulate-domain-test] quit
[AC-wlan-view] ap-group name test
[AC-wlan-ap-group-test]regulatory-domain-profile test
          ！在AP组下引用域管理模板，系统警告会清空信道、功率等已有设置并重启AP，输入y
Warning: Modifying the country code will clear channel, power and antenna
gain configurations of the radio and reset the AP.  Continue?[Y/N]: y
[AC-wlan-ap-group-test] quit
[AC-wlan-view] quit
[AC] capwap source interface vlanif 100              ！配置AC的源接口
```

（4）在AC上离线导入AP，并将AP加入AP组“test”中。假设AP的MAC地址为0c20-a4b3-f3d0，并且根据AP的部署位置为AP配置名称，便于从名称上就能够了解AP的部署位置。例如，MAC地址为0c20-a4b3-f3d0的AP部署在1号楼301室，则命名此AP为1-301。

```
[AC] wlan                                      ！进入WLAN视图
[AC-wlan-view] ap auth-mode mac-auth
                       ！认证模式为mac-auth，使用AP的MAC地址认证
[AC-wlan-view] ap-id 0 ap-mac 0c20-a4b3-f3d0！手动输入AP的MAC地址
[AC-wlan-ap-0]ap-name 1-301
                       ！AP的名称1-301与位置信息有关，便于了解AP的部署位置
Warning: This operation may cause AP reset. Continue? [Y/N]:y
[AC-wlan-ap-0] ap-group test  ！此处命令重置AP，起到刷新配置的作用
Warning: This operation may cause AP reset. If the country code changes,
it will clear channel, power and antenna gain configurations of the radio,
Whether to continue? [Y/N]:y
[AC-wlan-ap-0] quit
```

将AP上电后，当执行命令display ap all，查看到AP的“State”字段为“nor”时，表示AP正常上线。

```
[AC-wlan-view] display ap all
Total AP information:
Extra information:
P  : insufficient power supply
--------------------------------------------------------------------------
ID  MAC             Name  Group  IP           Type      State  STA
--------------------------------------------------------------------------
0   0c20-a4b3-f3d0  1-301 test   10.23.100.2  AP5030DN  nor    0
--------------------------------------------------------------------------
Total: 1
```

（5）配置WLAN业务参数。

```
[AC-wlan-view] security-profile name test             ！安全模板
```

```
[AC-wlan-sec-prof-test] security wpa-wpa2 psk pass-phrase abc12345 aes
                                                    ！安全策略和密码设置
[AC-wlan-sec-prof-test] quit
[AC-wlan-view] ssid-profile name test               ！创建名为test的SSID模板
[AC-wlan-ssid-prof-test] ssid fitap001              ！SSID名称为fitap001
[AC-wlan-ssid-prof-test] quit
[AC-wlan-view] vap-profile name test                ！创建名为test的VAP模板
[AC-wlan-vap-prof-test] forward-mode tunnel         ！业务数据转发模式为隧道转发
[AC-wlan-vap-prof-test] service-vlan vlan-id 101    ！业务VLAN为101
[AC-wlan-vap-prof-test] security-profile test       ！引用安全模板
[AC-wlan-vap-prof-test] ssid-profile test           ！引用SSID模板
[AC-wlan-vap-prof-test] quit
[AC-wlan-view] ap-group name test                   ！进入ap-group视图
[AC-wlan-ap-group-test] vap-profile test wlan 1 radio 0
                        ！引用VAP模板，AP上射频0和射频1都使用VAP模板test的配置
[AC-wlan-ap-group-test] vap-profile test wlan 1 radio 1
[AC-wlan-ap-group-test] quit
```

在VAP模板中，引用安全模板、SSID模板，同时设置业务数据转发模式为tunnel（隧道转发），并设置业务数据属于VLAN 101。业务数据从无线客户端发送到AP后，按照VAP模板的配置，将业务数据封装，添加VLAN 101标签。又因为是隧道转发模式，继续将业务数据进行CAPWAP隧道封装。

（6）配置AP射频的信道和功率。

```
[AC-wlan-view] ap-id 0
[AC-wlan-ap-0] radio 0                    ！进入射频Radio 0
[AC-wlan-radio-0/0] calibrate auto-channel-select disable
          ！关闭AP射频0的信道和功率自动调优功能，部分版本当前视图下不支持此命令时可忽略
[AC-wlan-radio-0/0] calibrate auto-txpower-select disable
[AC-wlan-radio-0/0]channel  20mhz  6
Warning: This action may cause service interruption.
Continue?[Y/N]y                           ！配置AP射频0的频率为20MHz，信道为6
[AC-wlan-radio-0/0] eirp 127              ！配置AP射频0的功率
[AC-wlan-radio-0/0] quit                  ！退出当前视图
[AC-wlan-ap-0] radio 1                    ！进入射频Radio 1
[AC-wlan-radio-0/1] calibrate auto-channel-select disable
          ！关闭AP射频1的信道和功率自动调优功能，部分版本当前视图下不支持此命令时可忽略
[AC-wlan-radio-0/1] calibrate auto-txpower-select disable
[AC-wlan-radio-0/1] channel 20mhz 149！配置AP射频1的频率为20MHz，信道为149
Warning: This action may cause service interruption. Continue?[Y/N]y
[AC-wlan-radio-0/1] eirp 127              ！配置AP射频1的功率
[AC-wlan-radio-0/1] quit
[AC-wlan-ap-0] quit
```

4.7 项目验证

WLAN业务配置会自动下发给AP，配置完成后，通过执行命令display vap ssid fitap001查看如下信息，当“Status”项显示为“ON”时，表示AP对应的射频上的VAP已创建成功。

```
[AC-wlan-view] display vap ssid fitap001
WID : WLAN ID
----------------------------------------------------------------------------
AP-id AP-name RfID  BSSID           Status  Auth type      STA   SSID
----------------------------------------------------------------------------
0     1-301   0     71d3-4572-e1a2  ON      WPA/WPA2-PSK   0     fitap001
0     1-301   1     74d3-4572-d1a3  ON      WPA/WPA2-PSK   0     fitap001
----------------------------------------------------------------------------
Total: 2
```

在无线用户（笔记本计算机）上开启WLAN服务，查看WLAN列表中是否出现fitap001，如图4-4所示。无线客户搜索到名为fitap001的无线网络，输入密码abc12345并正常关联后，在AC上执行display station ssid fitap001命令，可以查看到用户已经接入到无线网络fitap001中。

图4-4　连接WLAN

在AC上查询无线用户的信息，代码如下：

```
[AC-wlan-view] display station ssid fitap001
Rf/WLAN: Radio ID/WLAN ID
Rx/Tx: link receive rate/link transmit rate(Mbps)
```

```
------------------------------------------------------------
STA-MAC         AP-ID  Ap-name  Rf/WLAN  Band  Type  vlan  IP address
------------------------------------------------------------
e019-1dc7-1e08  0      1-301    1/1      5G    11n   101   10.23.101.5
------------------------------------------------------------
Total: 1 2.4G: 0 5G:
```

无线用户的IP地址是10.23.101.5，由DHCP自动分配所得到的，属于VLAN 101。

拓展练习

一、知识检测

（1）WLAN网络中有管理数据帧和业务数据帧，转发方式只能是CAPWAP隧道转发的是（　　）。

A．管理数据帧　　B．业务数据帧

C．两种都是　　D．两种都不是

（2）WLAN网络中有管理数据帧和业务数据帧，转发方式既可以CAPWAP隧道转发，又可以直接转发的是（　　）。

A．管理数据帧　　B．业务数据帧

C．两种都是　　D．两种都不是

（3）隧道转发模式的特点不包括（　　）。

A．所有业务数据都将汇聚到AC上处理

B．存在交换瓶颈的风险

C．在企业组网中不常采用

D．所有管理数据不再进行CAPWAP隧道封装

（4）对于直连组网和旁挂组网，以下说法正确的是（　　）。

A．在旁挂组网方式中，业务数据一定经过AC

B．直连式组网中，无须考虑AC所承受的带宽问题

C．旁挂组网可以避免AC的流量瓶颈问题

D．直连组网比旁挂组网更安全

（5）下列设备不能对业务数据进行CAPWAP隧道封装的有（　　）。（多选题）

A．AP　　B．交换机　　C．AC　　D．无线客户端

二、能力检测

1．项目背景与分析

大学生创业孵化基地发展良好，又增加一层，共两层，目前每层10个办公室，共20个办公室。为满足每个办公室的上网需求，计划部署AC+FIT架构的无线局域网。具体要求如下：

（1）使用隧道转发模式。

（2）每层走廊部署两个FIT AP作为无线网络设备，为每个AP设置与楼层和位置相关的名称，如2-401。

（3）SSID为fitap001，密码为s12345678。

2．项目拓扑（见图4-5）

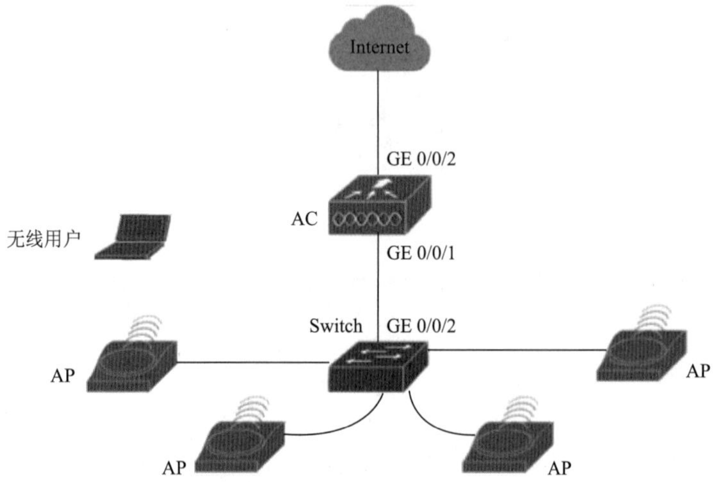

图4-5　拓扑结构

3．项目规划

根据以上拓扑结构图规划连接方式，填写规划表4-6～表4-10。

表4-6　设备规划

设备类型	设备型号	设备命名	系统版本

表4-7　端口互联规划

设　备	本端端口	对端设备	对端端口

表4-8　WLAN规划

设　备	SSID	加密方式	密　钥

表4-9 IP及端口规划

设 备	接 口	规 划	备 注

表4-10 DHCP规划

地址池名称	地址范围	网 关

4. 实践结果提交

完成实践内容后，将自己制作的拓扑结构图、设备规划表、端口互联规划表、WLAN规划表、IP及端口规划表、DHCP规划表，以及过程截图提交给老师。

实践项目 5
AC+FIT AP 旁挂二层组网

5.1 项目背景

小李所在项目组接到上一家客户的反馈，之前为该企业部署的AC+FIT AP架构的无线网络出现了问题，无线用户网速达不到要求，影响了用户体验，急需解决。

5.2 项目分析

小李到现场测试后，发现为该公司部署的无线网络出现了带宽瓶颈问题。因为是直连组网隧道转发模式，AC串接在所有报文的必经之路上，且隧道转发模式导致无线客户端的业务报文也需要进行CAPWAP隧道封装，因此当报文数量骤增时，AC的处理能力就受到了挑战，容易形成传输瓶颈。基于以上分析，小李计划将AC旁挂在汇聚交换机上，并将转发模式改为直接转发。

5.3 知识准备

1. 直连式组网和旁挂式组网

根据AC在网络拓扑中的位置，可分为直连式组网和旁挂式组网。

在直连式组网方式中，无线用户的业务数据可以通过CAPWAP隧道在AP与AC之间转发，即隧道转发。也可以直接转发，即直接转发。由于直连式组网中，AC自然串接在线路中，故需要注意AC所承受的带宽问题。

在旁挂式组网方式中，AC旁挂在现有网络中（多在汇聚交换机旁边），实现对AP的管理。业务报文可以通过CAPWAP隧道经AC转发，也可以不经过AC转发而直接转发。在直接转发模式下，无线用户业务报文经汇聚交换机传输至外部网络，如图5-1所示。

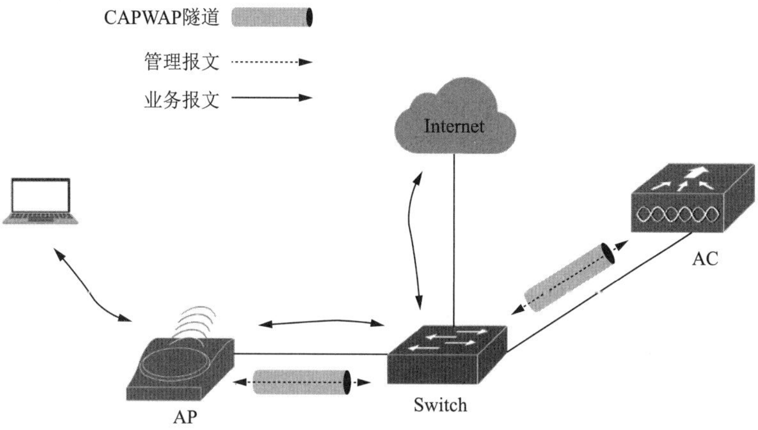

图5-1　直接转发报文走向

2. DHCP接口地址池模式

基于接口模式的地址池是通过在DHCP服务器与客户端相连的接口上配置IP地址，从而创建的地址池。接口地址池中的IP地址与此接口地址属于同一网段，且地址池中地址只能分配给此接口下的客户端。接口地址池仅适用于DHCP服务器与客户端在同一个网段的场景。

DHCP服务器依据是否部署DHCP中继来选择地址池。无DHCP中继场景下，DHCP服务器选择与接收DHCP请求报文的接口IP地址处于同一网段的地址池。有DHCP中继场景下，DHCP服务器选择与DHCP请求报文位于同一网段的地址池。

用户需要根据客户端的数量和接入断开的时间、频率来确定地址池内需要部署的IP地址数量。根据IP地址的使用情况，地址池中的IP地址可以分为多种状态，包括：

Used：表示此IP地址已使用。

Idle：表示此IP地址处于空闲状态。

Static-bind：表示此IP地址已绑定MAC地址且未使用。

Static-bind used：表示此IP地址与MAC地址绑定且已使用。

Disable：表示此IP地址无法使用。

Expired：表示此IP地址租期已过，处于空闲状态。

Conflict：表示此IP地址与网络上其他地址冲突。

地址池中IP地址到期后是Expired状态。地址池内保留Expired状态IP地址的分配记录，目的是当用户重新关联请求IP地址时，分配原来使用过的IP地址给用户，保持用户IP地址的稳定性。当地址池中Idle状态的IP地址耗尽时，地址池会自动回收Expired状态的IP地址，然后分配给新用户，无须手动清理。当地址池中Idle状态和Expired状态的IP地址耗尽时，地址池会自动回收Conflict状态的IP地址，然后分配给新用户，无须手动清理。被设置为Conflict状态的IP地址在1分钟内无法被分配。

5.4 项目拓扑

项目拓扑结构如图5-2所示。

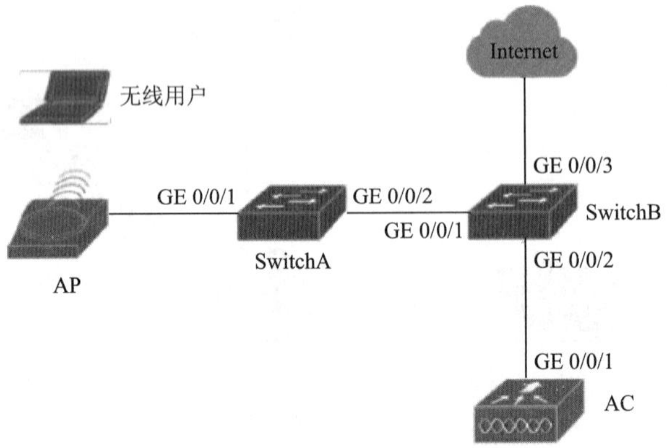

图5-2 拓扑结构

5.5 项目规划

根据图5-2规划连接方式，规划详情见表5-1～表5-5。

表5-1 设备规划

设备类型	设备型号	设备命名	系统版本
FIT AP	HUAWEI WA5530	1-301	Version 5.160
交换机	HUAWEI S3700	SwitchA	Version 5.110
交换机	HUAWEI S3700	SwitchB	Version 5.110
AC	HUAWEI AC6605	AC	Version 5.160

表5-2 端口互联规划

设备	本端端口	对端设备	对端端口
SwitchA	GE 0/0/1	AP	以太网口（poe）
SwitchA	GE 0/0/2	SwitchB	GE 0/0/1
SwitchB	GE 0/0/1	SwitchA	GE 0/0/2
SwitchB	GE 0/0/2	AC	GE 0/0/1
SwitchB	GE 0/0/3	上层网络	—

表5-3 WLAN规划

设备	SSID	加密方式	密钥
AC	fitap001	WPA-WPA2+PSK+AES	abc12345

表5-4 IP及端口规划

设 备	接 口	规 划	备 注
SwitchA	GE 0/0/1	Trunk（设置PVID 100）	允许VLAN 100和VLAN 101通过
SwitchA	GE 0/0/2	Trunk	允许VLAN 100和VLAN 101通过
SwitchB	GE 0/0/1	Trunk	允许VLAN 100和VLAN 101通过
SwitchB	GE 0/0/2	Trunk	只允许VLAN 100通过
SwitchB	GE 0/0/3	Trunk	只允许VLAN 101通过
SwitchB	VLAN 101接口	10.23.101.1/24	同时作为DHCP接口地址池
AC	GE 0/0/1	Trunk	允许VLAN 100通过
AC	VLAN 100接口	10.23.100.1/24	同时作为DHCP接口地址池

表5-5 DHCP规划

地址池名称	备 注	地 址 范 围	网 关
VLANIF 100	管理VLAN	10.23.100.0/24	10.23.100.1
VLANIF 101	业务VLAN	10.23.101.0/24	10.23.101.1

5.6 实施过程

步骤1 配置交换机。

（1）配置接入交换机SwitchA的物理接口，GE 0/0/1的默认VLAN为VLAN 100。

```
[SwitchA] vlan batch 100 101          ! 创建VLAN 100和VLAN 101
[SwitchA] interface gigabitethernet 0/0/1
[SwitchA-GigabitEthernet0/0/1] port link-type trunk
[SwitchA-GigabitEthernet0/0/1] port trunk pvid vlan 100
                                      ! 为AP发送的报文添加VLAN 100标签
[SwitchA-GigabitEthernet0/0/1]port trunk allow-pass vlan 100 101
                                      ! 直接转发模式下，允许VLAN 101通过
[SwitchA-GigabitEthernet0/0/1] port-isolate enable  ! 端口隔离可以隔离广播
[SwitchA-GigabitEthernet0/0/1] quit
[SwitchA] interface gigabitethernet 0/0/2
[SwitchA-GigabitEthernet0/0/2] port link-type trunk
[SwitchA-GigabitEthernet0/0/2]port trunk allow-pass vlan 100 101
                                      ! 直接转发模式下，允许VLAN 101通过
[SwitchA-GigabitEthernet0/0/2] quit
```

（2）配置汇聚交换机SwitchB的物理接口。

```
[SwitchB] vlan batch 100 101          ! 创建VLAN 100和VLAN 101
[SwitchB] interface gigabitethernet 0/0/1
```

```
[SwitchB-GigabitEthernet0/0/1] port link-type trunk
[SwitchB-GigabitEthernet0/0/1]port trunk allow-pass vlan 100 101
                                 ！直接转发模式下，允许VLAN 101通过
[SwitchB-GigabitEthernet0/0/1] quit
[SwitchB] interface gigabitethernet 0/0/2
[SwitchB-GigabitEthernet0/0/2] port link-type trunk
[SwitchB-GigabitEthernet0/0/2]port trunk allow-pass vlan 100
                                 ！端口连接AC，直接转发模式下，业务报文不需通过此端口
[SwitchB-GigabitEthernet0/0/2] quit
[SwitchB] interface gigabitethernet 0/0/3
[SwitchB-GigabitEthernet0/0/3] port link-type trunk
[SwitchB-GigabitEthernet0/0/3]port trunk allow-pass vlan 101
                                 ！端口连接上层网络，管理报文不需通过此端口
[SwitchB-GigabitEthernet0/0/3] quit
```

因为直接转发模式下，客户端业务报文（VLAN 101）不经过CAPWAP隧道封装，不经过AC，所以GigabitEthernet 0/0/2端口无须放行VLAN 101。而管理报文（VLAN 100）只在AC和AP间传输，无须在上行端口GigabitEthernet 0/0/3放行VLAN 100。

步骤2 配置交换机。

（1）配置AC的接口GE 0/0/1加入VLAN 100。

```
[AC] vlan batch 100 101
[AC] interface gigabitethernet 0/0/1
[AC-GigabitEthernet0/0/1] port link-type trunk
[AC-GigabitEthernet0/0/1]port trunk allow-pass vlan 100 ！允许管理报文通过
[AC-GigabitEthernet0/0/1] quit
```

（2）在AC上配置VLANIF 100接口，作为VLAN 100内物理设备的接口地址池，为AP提供IP地址。

```
[AC] dhcp enable
[AC] interface vlanif 100
[AC-vlanif100] ip address 10.23.100.1 24     ！VLAN 100接口的IP地址
[AC-vlanif100] dhcp select interface         ！接口地址池模式
[AC-vlanif100] quit
```

（3）在SwitchB上配置VLANIF 101接口为无线用户提供IP地址。

```
[SwitchB] dhcp enable
[SwitchB] interface vlanif 101
[SwitchB-vlanif101] ip address 10.23.101.1 24     ！VLAN 101接口的IP地址
[SwitchB-vlanif101] dhcp select interface         ！接口地址池模式
```

```
[SwitchB-vlanif101] quit
```

（4）配置AP上线。

```
[AC] wlan
[AC-wlan-view] ap-group name test  ！创建AP组，用于将相同配置的AP都加入同一AP组中
[AC-wlan-ap-group-test] quit
[AC-wlan-view] regulatory-domain-profile name test ！创建域管理模板
[AC-wlan-regulate-domain-test] country-code cn    ！配置AC的国家码
[AC-wlan-regulate-domain-test] quit
[AC-wlan-view] ap-group name test
[AC-wlan-ap-group-test] regulatory-domain-profile test
                                                  ！在AP组下引用域管理模板
Warning: Modifying the country code will clear channel, power and antenna
gain configurations of the radio and reset the AP. Continue?[Y/N]: y
[AC-wlan-ap-group-test] quit
[AC-wlan-view] quit
[AC] capwap source interface vlanif 100            ！配置AC的源接口
```

（5）在AC上离线导入AP，并将AP加入AP组test中。假设AP的MAC地址为0c20-a4b3-f3d0，并且根据AP的部署位置为AP配置名称，便于从名称上就能够了解AP的部署位置。

```
[AC] wlan                                   ！进入WLAN视图
[AC-wlan-view] ap auth-mode mac-auth ！认证模式为mac-auth，使用AP的MAC地址认证
[AC-wlan-view] ap-id 0 ap-mac 0c20-a4b3-f3d0       ！手动输入AP的MAC地址
[AC-wlan-ap-0]ap-name 1-301
Warning: This operation may cause AP reset. Continue? [Y/N]:y
                                    ！AP的名称1-301与位置信息有关，便于了解AP的部署位置
[AC-wlan-ap-0]ap-group test   ！此处命令起到刷新配置的作用
Warning: This operation may cause AP reset. If the country code changes,
it will clear channel, power and antenna gain configurations of the radio,
Whether to continue? [Y/N]:y
[AC-wlan-ap-0] quit
```

将AP上电后，当执行命令display ap all，查看到AP的“State”字段为“nor”时，表示AP正常上线。

```
[AC-wlan-view] display ap all
Total AP information:
nor  : normal            [1]
Extra information:
P  : insufficient power supply
```

```
--------------------------------------------------------------------------
ID  MAC             Name   Group  IP           Type      State  STA
--------------------------------------------------------------------------
0   0c20-a4b3-f3d0  1-301  test   10.23.100.2  AP5030DN  nor    0
--------------------------------------------------------------------------
total: 1
```

（6）配置WLAN业务参数。

```
[AC-wlan-view] security-profile name test    ！安全模板
[AC-wlan-sec-prof-test] security wpa-wpa2 psk pass-phrase abc12345 aes
                                              ！安全策略和密码设置，密码为abc12345
[AC-wlan-sec-prof-test] quit
[AC-wlan-view] ssid-profile name test         ！创建名为test的SSID模板
[AC-wlan-ssid-prof-test] ssid fitap001        ！SSID名称为fitap001
[AC-wlan-ssid-prof-test] quit
[AC-wlan-view] vap-profile name test          ！创建名为test的VAP模板
[AC-wlan-vap-prof-test]forward-mode direct-forward
                                              ！业务数据转发模式为直接转发
[AC-wlan-vap-prof-test] service-vlan vlan-id 101  ！业务VLAN为101
[AC-wlan-vap-prof-test] security-profile test     ！引用安全模板
[AC-wlan-vap-prof-test] ssid-profile test         ！引用SSID模板
[AC-wlan-vap-prof-test] quit
[AC-wlan-view] ap-group name test                 ！进入ap-group视图
[AC-wlan-ap-group-test] vap-profile test wlan 1 radio 0
                    ！引用VAP模板，AP上射频0和射频1都使用VAP模板test的配置
[AC-wlan-ap-group-test] vap-profile test wlan 1 radio 1
[AC-wlan-ap-group-test] quit
```

（7）配置AP射频的信道和功率。

```
[AC-wlan-view] ap-id 0
[AC-wlan-ap-0] radio 0
[AC-wlan-radio-0/0] calibrate auto-channel-select disable
          ！关闭AP射频0的信道和功率自动调优功能，部分版本当前视图下不支持此命令时可忽略
[AC-wlan-radio-0/0] calibrate auto-txpower-select disable
[AC-wlan-radio-0/0]channel  20mhz  6
Warning: This action may cause service interruption Continue?[Y/N]y
                              ！配置AP射频0的频率为20MHz，信道为6
[AC-wlan-radio-0/0] eirp 127  ！配置AP射频0的功率
[AC-wlan-radio-0/0] quit
[AC-wlan-ap-0] radio 1
[AC-wlan-radio-0/1] calibrate auto-channel-select disable
          ！关闭AP射频1的信道和功率自动调优功能，部分版本当前视图下不支持此命令时可忽略
```

```
[AC-wlan-radio-0/1] calibrate auto-txpower-select disable
[AC-wlan-radio-0/1] channel 20mhz 149  ！配置AP射频1的频率为20MHz，信道为149
Warning: This action may cause service interruption. Continue?[Y/N]y
[AC-wlan-radio-0/1] eirp 127           ！配置AP射频1的功率
[AC-wlan-radio-0/1] quit
[AC-wlan-ap-0] quit
```

5.7 项目验证

WLAN业务配置会自动下发给AP，配置完成后，通过执行命令display vap ssid fitap001查看如下信息，当“Status”项显示为“ON”时，表示AP对应的射频上的VAP已创建成功。

```
[AC-wlan-view] display vap ssid fitap001
WID : WLAN ID
------------------------------------------------------------------------
AP-id AP-name  RfID  BSSID           Status  Auth type     STA  SSID
------------------------------------------------------------------------
0     1-301    0     8a50-4e71-b300  ON      WPA/WPA2-PSK  0    fitap001
0     1-301    1     8a50-4e71-b310  ON      WPA/WPA2-PSK  0    fitap001
------------------------------------------------------------------------
Total: 2
```

在无线用户（笔记本计算机）上开启WLAN服务，查看WLAN列表中是否出现fitap001，如图5-3所示。无线客户搜索到名为“fitap001”的无线网络，输入密码“abc12345”并正常关联后，在AC上执行display station ssid fitap001命令，可以查看到用户已经接入到无线网络中。

图 5-3　连接 WLAN

在AC上查询无线用户的信息，代码如下：

```
[AC-wlan-view] display station ssid fitap001
Rf/WLAN: Radio ID/WLAN ID
Rx/Tx: link receive rate/link transmit rate(Mbps)
----------------------------------------------------------------------------
STA-MAC          AP-ID  Ap-name  Rf/WLAN  Band  Type  vlan  IP address
----------------------------------------------------------------------------
e200-3c17-3e8a  0      1-301    1/1      5G    11n   101   10.23.101.5
----------------------------------------------------------------------------
Total: 1 2.4G: 0 5G: 1
```

拓展练习

一、知识检测

（1）直接转发模式下，下列说法正确的是（　　）。

A．在AC旁挂在汇聚交换机上时，业务报文不经过AC

B．直接转发是对于管理报文而言的

C．直接转发是对于业务报文而言的

D．在AC直连组网时，业务报文不经过AC

（2）关于DHCP接口模式的地址池，说法不正确的是（　　）。

A．通过在DHCP服务器与客户端相连的接口上配置IP地址，从而创建的地址池

B．接口模式地址池中的IP地址可以与此接口不属于同一网段

C．接口模式地址池中地址只能分配给此接口下的客户端

D．接口地址池仅适用于DHCP服务器与客户端在同一个网段的场景

（3）DHCP地址池中的IP地址，在（　　）状态下表示租期已过期。

A．Used　　B．Idle　　C．Expired　　D．Conflict

（4）安全模板主要功能不包括（　　）。

A．配置WLAN网络的安全策略

B．对无线用户的认证和加密

C．配置WEP、WPA/WPA2-PSK等加密策略

D．设置ACL访问控制列表，增加网络安全

（5）WLAN基本业务配置流程不包括（　　）。

A．配置无线客户端参数

B．配置网络互通

C．配置AC系统参数

D．配置AC为FIT AP下发WLAN业务

二、能力检测

1．项目背景与分析

将大学生创业孵化基地的无线网络进行改造，改造目标是将直连AC的拓扑结构更改为旁挂AC拓扑结构，转发模式设置为隧道转发模式，各端口配置的更改务必加以分析说明。

2．项目拓扑（见图 5-4）

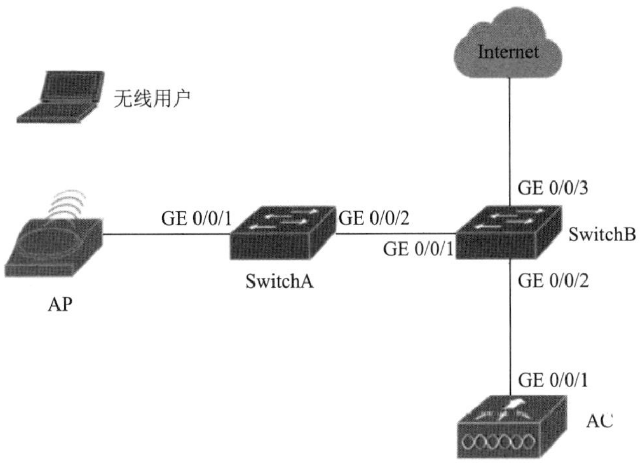

图 5-4　拓扑结构

3．项目规划

根据以上拓扑结构图规划连接方式，填写规划表 5-6～表 5-10。

表 5-6　设备规划

设备类型	设备型号	设备命名	系统版本

表 5-7　端口互联规划

设　备	本端端口	对端设备	对端端口

表 5-8　WLAN 规划

设　备	SSID	加密方式	密　钥

表 5-9　IP 及端口规划

设　备	接　口	规　划	备　注

表 5-10　DHCP 规划

地址池名称	地 址 范 围	网　关

4．实践结果提交

完成实践内容后，将自己制作的拓扑结构图、设备规划表、端口互联规划表、WLAN 规划表、IP 及端口规划表、DHCP 规划表，以及过程截图提交给老师。

实践项目 6

AC+FIT AP 直连三层组网（隧道转发）

6.1 项目背景

小李所在项目组接到新的任务，为一家公司部署无线网络。该公司已具备无线局域网，无线部署采用AC+FIT AP的架构，AC与AP为二层组网模式，且AC属于直连方式。因公司业务升级，网络规模扩大，目前需要在原有设备基础上，对无线网络进行升级，将二层组网模式改为三层组网模式。

6.2 项目分析

该公司原有无线网络属于AC+FIT AP直连二层组网架构，最合理的改造方案是在原有AC直连方式的基础上，将AC与AP组网模式改为三层组网。主要实施步骤包括更改各端口的allow-pass配置，在合适的设备上创建各VLAN的网关等。

6.3 知识准备

1. 二、三层 AP 上线过程

当AP和AC在同一个网段时，AP会主动发送广播报文，就能直接找到网段内的AC，如图6-1所示。当AP和AC在不同网段时，广播报文无法跨网段传播，需要通过DHCP给AP指定AC的IP地址，AP才能找到AC进行上线，一般使用DHCP服务器的Option 43属性完成AC的IP地址的下发，如图6-2所示。

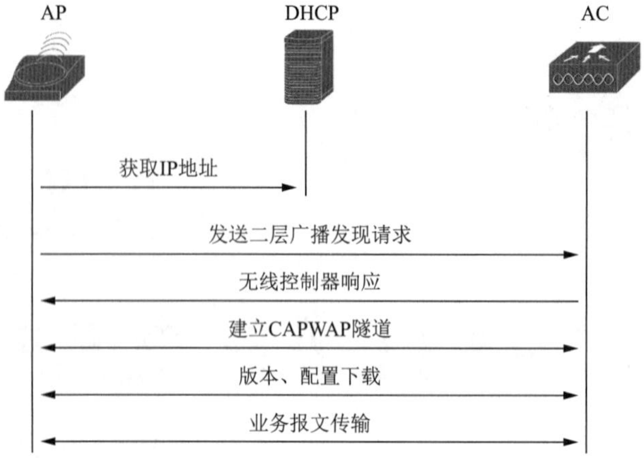

图 6-1　二层组网下 AP 的上线过程

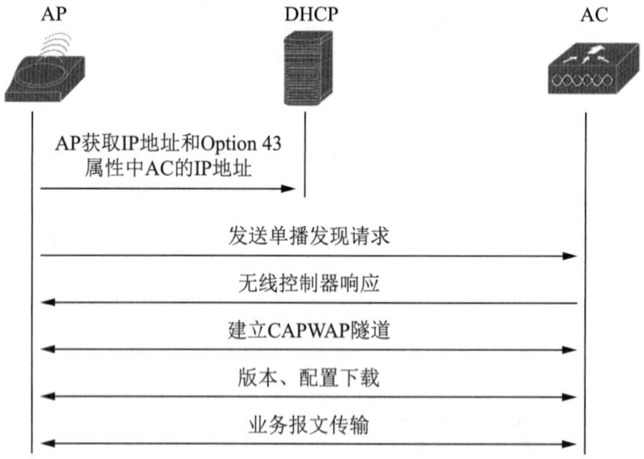

图 6-2　三层组网下 AP 的上线过程

2．Option 43 简介

Option 43是一个自定义选项，用于表示AC的IP地址。AP通过DHCP的Option 43字段，获取AC的IP地址信息，再发送单播报文找到对应的AC，实现AP的零配置上线。这里说的AP，都是指FIT AP。使用Option 43有前提条件，即AP和DHCP服务器路由可达，确保AP能跟DHCP服务器正常交互报文；AP和AC路由可达，确保AP能跟AC交互报文。

Option 43的值有三种表示法：十六进制、十进制和ASCII码。例如，AC的IP地址为192.168.100.1时，用十六进制表示为c0a86401，用十进制表示为192.168.100.1，用ASCII码表示为3139322e3136382e3130302e31，其中“.”对应2e。最常见的格式是十六进制值，也是兼容性最好的。

（1）以华为设备为例，配置Option 43，若AC的IP地址是192.168.100.1。

则配置命令为

```
[HUAWEI-ip-pool] option 43 hex 0104c0a86401
```

也可以简易配置为

```
[HUAWEI-ip-pool] option 43 sub-option 3 ascii 192.168.100.1
```

其中，01表示类型1，华为一共有三种类型，即十六进制、十进制和ASCII码。04表示字段长度，每个IP地址占4字节，计算公式是IP地址个数乘4。c0a86401是192.168.100.1的十六进制数。

（2）以华三设备为例，配置Option 43，若AC的IP地址是192.168.100.1。

则配置命令为

```
[AC-dhcp-pool-vlan100] option 43 hex 80070000 01 c0a86401
```

其中，80表示类型，是固定值。07表示后面内容的长度，也是说后面有7个十六进制数，有一个AC的IP地址。如果值为0B，表示后面有11个十六进制数，即两个AC的IP地址。0000表示服务类型，是固定值。01表示后面IP地址的个数。c0a86401是192.168.100.1的十六进制数。

（3）以思科设备为例，配置Option 43，若AC的IP地址是192.168.100.1。

则配置命令为

```
Cisco(dhcp-config)# option 43 hex f1040c0a86401
```

其中，f1表示类型，是固定值。04表示后面内容的长度，即4个十六进制数，有一个AC的IP地址。c0a86401是192.168.100.1的十六进制数。

6.4 项目拓扑

项目拓扑结构如图6-3所示。

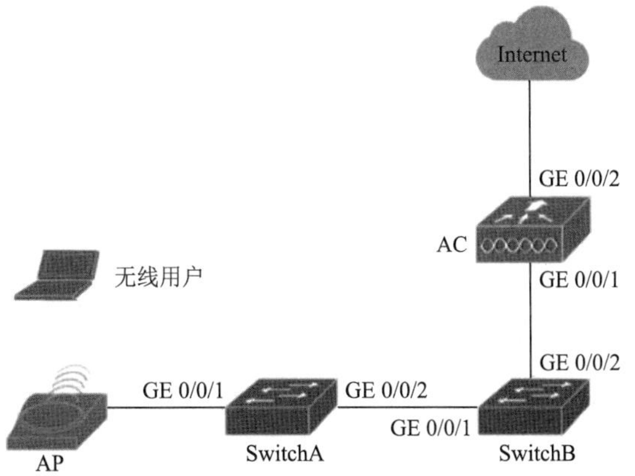

图 6-3　拓扑结构

6.5 项目规划

根据图6-3规划连接方式，规划详情见表6-1～表6-5。

表6-1 设备规划

设备类型	设备型号	设备命名	系统版本
FIT AP	HUAWEI WA5530	1-301	Version 5.160
交换机	HUAWEI S3700	SwitchA	Version 5.110
交换机	HUAWEI S5700	SwitchB	Version 5.110
AC	HUAWEI AC6605	AC	Version 5.160

表6-2 端口互联规划

设备	本端端口	对端设备	对端端口
SwitchA	GE 0/0/1	AP	以太网口（poe）
SwitchA	GE 0/0/2	SwitchB	GE 0/0/1
SwitchB	GE 0/0/1	SwitchA	GE 0/0/2
SwitchB	GE 0/0/2	AC	GE 0/0/1
AC	GE 0/0/1	SwitchB	GE 0/0/2
AC	GE 0/0/2	上层网络	—

表6-3 WLAN规划

设备	SSID	加密方式	密钥
AC	fitap001	WPA-WPA2+PSK+AES	abc12345

表6-4 IP及端口规划

设备	接口	规划	备注
SwitchA	GE 0/0/1	Trunk（设置PVID 10）	允许VLAN 10通过
SwitchA	GE 0/0/2	Trunk	允许VLAN 10通过
SwitchB	GE 0/0/1	Trunk	允许VLAN 10通过
SwitchB	GE 0/0/2	Trunk	允许VLAN 100通过
SwitchB	VLAN 10接口	10.23.10.1/24	本接口能提供DHCP中继功能
SwitchB	VLAN 100接口	10.23.100.2/24	—
SwitchB	VLAN 101接口	10.23.101.1/24	DHCP接口地址池
SwitchB	VLAN 102接口	10.23.102.1/24	DHCP接口地址池
AC	GE 0/0/1	Trunk	允许VLAN 100通过
AC	GE 0/0/2	Trunk	允许VLAN 101和VLAN 102通过
AC	VLAN 100接口	10.23.100.1/24	提供全局地址池为AP提供IP

表6-5 DHCP规划

地址池名称	类型	地址范围	网关
VLANIF 10	AP所在的管理VLAN	10.23.10.0/24	10.23.10.1
VLANIF 100	AC所在的管理VLAN	10.23.100.0/24	10.23.100.1

续表

地址池名称	类　型	地址范围	网　关
VLANIF 101	无线用户的业务VLAN	10.23.101.0/24	10.23.101.1
VLANIF 102	无线用户的业务VLAN	10.23.102.0/24	10.23.102.1

6.6 实施过程

步骤1 配置交换机。

（1）配置接入交换机SwitchA的物理接口。

```
[SwitchA] vlan batch 10          ! 创建VLAN
[SwitchA] interface gigabitethernet 0/0/1
[SwitchA-GigabitEthernet0/0/1] port link-type trunk
[SwitchA-GigabitEthernet0/0/1] port trunk pvid vlan 10
                             ! 为AP发送的报文添加VLAN 10标签
[SwitchA-GigabitEthernet0/0/1]port trunk allow-pass vlan 10
                             ! 隧道转发模式下，只允许VLAN 10通过
[SwitchA-GigabitEthernet0/0/1] port-isolate enable          ! 端口隔离
[SwitchA-GigabitEthernet0/0/1] quit
[SwitchA] interface gigabitethernet 0/0/2
[SwitchA-GigabitEthernet0/0/2] port link-type trunk
[SwitchA-GigabitEthernet0/0/2]port trunk allow-pass vlan 10
[SwitchA-GigabitEthernet0/0/2] quit
```

（2）配置接入交换机SwitchB的接口。

```
[SwitchB] vlan batch 10 100      ! 创建VLAN
[SwitchB] interface gigabitethernet 0/0/1
[SwitchB-GigabitEthernet0/0/1] port link-type trunk
[SwitchB-GigabitEthernet0/0/1]port trunk allow-pass vlan 10
                             ! 隧道转发模式下，只允许VLAN 10通过
[SwitchB-GigabitEthernet0/0/1] quit
[SwitchB] interface gigabitethernet 0/0/2
[SwitchB-GigabitEthernet0/0/2] port link-type trunk
[SwitchB-GigabitEthernet0/0/2]port trunk allow-pass vlan 100
                             ! AC在VLAN 100，体现了AC与AP不在同一网段
[SwitchB-GigabitEthernet0/0/2] quit
[SwitchB] interface vlanif 100
[SwitchB-vlanif100] ip address 10.23.100.2 24       ! VLANIF 100的IP
[SwitchB-GigabitEthernet0/0/2] quit
```

SwitchB 中配置了 VLAN 10 和 VLAN 100，其中 VLAN 10 是 AP 所在的 VLAN，VLAN 100 是 AC 所在的 VLAN，虽然两个 VLAN 均为管理 VLAN，但需要三层网络设备实现跨网段路由功能。

步骤2 配置 AC。

配置 AC 的接口和路由。

```
[AC] vlan batch 100 101 102                    ! 创建VLAN
[AC] interface vlanif 100
[AC-vlanif100] ip address 10.23.100.1 24 ! VLANIF 100的IP
[AC-vlanif100] quit
[AC] interface gigabitethernet 0/0/1
[AC-GigabitEthernet0/0/1] port link-type trunk
[AC-GigabitEthernet0/0/1]port trunk allow-pass vlan 100
[AC-GigabitEthernet0/0/1] quit
[AC] interface gigabitethernet 0/0/2
[AC-GigabitEthernet0/0/2] port link-type trunk
[AC-GigabitEthernet0/0/2] port trunk allow-pass vlan 101 102
                                               ! 允许无线用户的报文通过
[AC-GigabitEthernet0/0/2] quit
[AC] ip route-static 10.23.10.0  24  10.23.100.2
                                               ! 发往AP的报文，发到下一跳设备SwitchB上
```

步骤3 配置 DHCP。

（1）在 SwitchB 上配置 DHCP 中继。

```
[SwitchB] dhcp enable
[SwitchB] interface vlanif 10
[SwitchB-vlanif10] ip address 10.23.10.1 24
[SwitchB-vlanif10] dhcp select relay                    ! 开启DHCP中继功能
[SwitchB-vlanif10] dhcp relay server-ip 10.23.100.1! 为AC上的DHCP地址中继
[SwitchB-vlanif10] quit
```

为 AP 建立的 DHCP 服务既可以放在 AC 上也可以放在 SwitchB 上，若放在 AC 上，需要在 SwitchB 上配置 DHCP 中继。

（2）在 AC 上配置 VLANIF 101 和 VLANIF 102 接口为无线用户提供 IP 地址。

```
[AC] interface vlanif 101
[AC-vlanif101] ip address 10.23.101.1 24    ! VLAN 101接口的IP地址
[AC-vlanif101] dhcp select interface         ! 接口地址池模式
[AC-vlanif101] quit
[AC] interface vlanif 102
[AC-vlanif102] ip address 10.23.102.1 24    ! VLAN 102接口的IP地址
```

```
[AC-vlanif102] dhcp select interface         ！接口地址池模式
[AC-vlanif102] quit
```

DHCP服务若配置成接口地址池模式，不需要配置默认网关gateway-list参数，因为接口的IP地址默认为gateway。

（3）在AC上创建全局地址池为AP提供地址。

```
[AC] dhcp enable
[AC] ip pool  test
[AC-ip-pool-test] network 10.23.10.0 mask 24
[AC-ip-pool-test] gateway-list 10.23.10.1
[AC-ip-pool-test] option 43 sub-option 3 ascii 10.23.100.1
                              ！将DHCP服务的Option 43属性值设为AC的IP地址
[AC-ip-pool-test]quit
```

（4）在AC上新建VLAN池，并将VLAN 101和VLAN 102加入其中，配置VLAN池中的VLAN分配算法为“Hash”。

```
                                              注释
[AC] vlan pool sta-pool                       ！为所有业务VLAN创建VLAN池
[AC-vlan-pool-sta-pool] vlan 101 102          ！VLAN 101和VLAN 102放入VLAN池
[AC-vlan-pool-sta-pool] assignment hash       ！分配的算法为Hash算法
[AC-vlan-pool-sta-pool] quit
```

通过为无线用户的业务VLAN组织到VLAN池中，可以实现一个SSID同时支持多个业务VLAN。新接入的无线用户会被动态地分配到VLAN池中的各个VLAN中，分配的方式默认为Hash算法，避免了VLAN中无线用户数量不均衡的问题。

步骤4　配置AP上线。

（1）创建AP组，创建域管理模板。

```
[AC] wlan
[AC-wlan-view] ap-group name test
                              ！创建AP组，用于将相同配置的AP都加入同一AP组中
[AC-wlan-ap-group-test] quit
[AC-wlan-view] regulatory-domain-profile name test ！创建域管理模板
[AC-wlan-regulate-domain-test] country-code cn    ！配置国家码cn
[AC-wlan-regulate-domain-test] quit
[AC-wlan-view] ap-group name test                 ！在AP组下引用域管理模板
[AC-wlan-ap-group-test] regulatory-domain-profile test
Warning: Modifying the country code will clear channel, power and antenna
gain configurations of the radio and reset the AP. Continue?[Y/N]: y
[AC-wlan-ap-group-test] quit
```

```
[AC-wlan-view] quit
[AC] capwap source interface vlanif 100          ! 配置AC的源接口
```

（2）在AC上离线导入AP，并将AP加入AP组“test”中。

```
[AC] wlan                                        ! 进入WLAN视图
[AC-wlan-view] ap auth-mode mac-auth
                              ! 认证模式为mac-auth，使用AP的MAC地址认证
[AC-wlan-view] ap-id 0 ap-mac 0c20-a4b3-f3d0     ! 手动输入AP的MAC地址
[AC-wlan-ap-0]ap-name 1-301
Warning: This operation may cause AP reset. Continue? [Y/N]:y
[AC-wlan-ap-0]ap-group test                      ! 此处命令起到刷新配置的作用
Warning: This operation may cause AP reset. If the country code changes,
it will clear channel, power and antenna gain configurations of the radio,
Whether to continue? [Y/N]:y
[AC-wlan-ap-0] quit
```

将AP上电后，当执行命令display ap all查看到AP的“State”字段为“nor”时，表示AP正常上线。

```
[AC-wlan-view] display ap all
Total AP information:
nor  : normal          [1]
Extra information:
P  : insufficient power supply
-------------------------------------------------------------------------------
ID  MAC             Name    Group  IP            Type      State  STA
-------------------------------------------------------------------------------
0   0c20-a4b3-f3d0  1-301   test   10.23.100.2   AP5030DN  nor    0
-------------------------------------------------------------------------------
Total: 1
```

步骤5 配置WLAN业务参数。

（1）创建安全模板、SSID模板、VAP模板等。

```
[AC-wlan-view] security-profile name test     ! 安全模板
[AC-wlan-sec-prof-test] security wpa-wpa2 psk pass-phrase abc12345 aes
                                              ! 安全策略和密码设置，密码为abc12345
[AC-wlan-sec-prof-test] quit
[AC-wlan-view] ssid-profile name test         ! 创建名为test的SSID模板
[AC-wlan-ssid-prof-test] ssid fitap001        ! SSID名称为fitap001
[AC-wlan-ssid-prof-test] quit
[AC-wlan-view] vap-profile name test          ! 创建名为test的VAP模板
```

```
[AC-wlan-vap-prof-test]forward-mode tunnel ！业务数据转发模式为隧道转发
[AC-wlan-vap-prof-test] service-vlan vlan-pool sta-pool
                        ！业务VLAN为VLAN池中的VLAN 101和VLAN 102
[AC-wlan-vap-prof-test] security-profile test！引用安全模板
[AC-wlan-vap-prof-test] ssid-profile test   ！引用SSID模板
[AC-wlan-vap-prof-test] quit
[AC-wlan-view] ap-group name test            ！进入ap-group视图
[AC-wlan-ap-group-test] vap-profile test  wlan 1 radio 0
                        ！引用VAP模板，AP上射频0和射频1都使用VAP模板test的配置
[AC-wlan-ap-group-test] vap-profile test  wlan 1 radio 1
[AC-wlan-ap-group-test] quit
```

（2）配置AP射频的信道和功率。

```
[AC-wlan-view] ap-id 0
[AC-wlan-ap-0] radio 0
[AC-wlan-radio-0/0] calibrate auto-channel-select disable
      ！关闭AP射频0的信道和功率自动调优功能，部分版本当前视图下不支持此命令时可忽略
[AC-wlan-radio-0/0] calibrate auto-txpower-select disable
[AC-wlan-radio-0/0]channel  20mhz  6
Warning: This action may cause service interruption Continue?[Y/N]y
                              ！配置AP射频0的频率为20MHz，信道为6
[AC-wlan-radio-0/0] eirp 127 ！配置AP射频0的功率
[AC-wlan-radio-0/0] quit
[AC-wlan-ap-0] radio 1
[AC-wlan-radio-0/1] calibrate auto-channel-select disable
      ！关闭AP射频1的信道和功率自动调优功能，部分版本当前视图下不支持此命令时可忽略
[AC-wlan-radio-0/1] calibrate auto-txpower-select disable
[AC-wlan-radio-0/1] channel 20mhz 149
                              ！配置AP射频1的频率为20MHz，信道为149
Warning: This action may cause service interruption. Continue?[Y/N]y
[AC-wlan-radio-0/1] eirp 127 ！配置AP射频1的功率
[AC-wlan-radio-0/1] quit
[AC-wlan-ap-0] quit
```

6.7　项目验证

WLAN业务配置会自动下发给AP，配置完成后，通过执行命令display vap ssid fitap001查看如下信息，当“Status”项显示为“ON”时，表示AP对应的射频上的VAP已创建成功。

```
[AC-wlan-view] display vap ssid fitap001
WID : WLAN ID
------------------------------------------------------------------------
AP-id AP-name RfID     BSSID      Status     Auth type     STA      SSID
------------------------------------------------------------------------
0     1-301    0    60DE-4476-E360    ON    WPA/WPA2-PSK    0    fitap001
0     1-301    1    60DE-4476-E370    ON    WPA/WPA2-PSK    0    fitap001
------------------------------------------------------------------------
Total: 2
```

在无线用户（笔记本计算机）上开启WLAN服务，查看WLAN列表中是否出现fitap001，如图6-4所示。无线客户搜索到名为“fitap001”的无线网络，输入密码“abc12345”并正常关联后，可以看到用户已经接入到无线网络中。

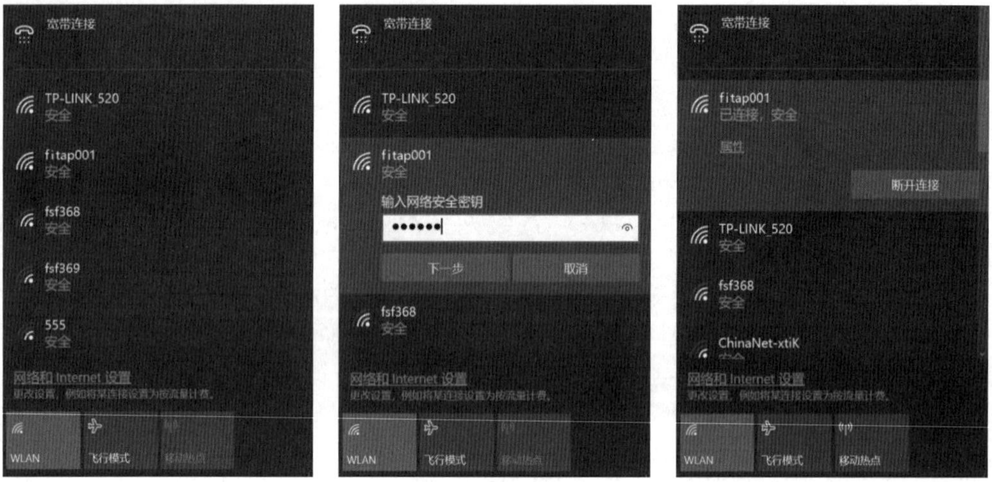

图6-4　连接WLAN

在AC上查询无线用户的信息，代码如下：

```
[AC-wlan-view] display station ssid fitap001
Rf/WLAN: Radio ID/WLAN ID
Rx/Tx: link receive rate/link transmit rate(Mbps)
------------------------------------------------------------------------
STA-MAC         AP-ID  Ap-name  Rf/WLAN  Band  Type  vlan  IP address
------------------------------------------------------------------------
e200-3c17-3e8a  0      1-301    1/1      5G    11n   101   10.23.101.5
------------------------------------------------------------------------
Total: 1 2.4G: 0 5G: 1
```

拓 展 练 习

一、知识检测

（1）AP在注册过程中，首先做的是（　　）。

A．自动获取IP地址

B．发送广播包发现AC

C．从AC上下载版本和配置文件

D．传递业务报文

（2）当AP与AC在同一网段时，下列说法正确的是（　　）。

A．AP可以通过交换机的DHCP中继功能，获取AC上的DHCP服务

B．AC上的DHCP服务需要将AC的IP地址配置到Option 43中

C．AP通过发送二层广播包发现AC

D．AP不需要DHCP服务

（3）当AP与AC不在同一网段时，下列说法不正确的是（　　）。

A．广播报文无法跨网段传播，需要通过DHCP给AP指定AC的IP地址，AP才能找到AC进行上线

B．在DHCP服务其中配置AC的IP地址，下发给AP

C．AP只有在获取了自身的IP地址和AC的IP地址后，才可以向AC发送单播请求

D．因为不在同一网段，所以AP无法获取AC上DHCP服务的地址，只能把DHCP服务放到与AP统一网段的设备上

（4）建立VLAN池，将无线用户的业务VLAN组织到VLAN池中，说法不正确的是（　　）。

A．新接入的无线用户会被动态的分配到VLAN池中的各个VLAN中

B．分配的方式默认为Hash算法

C．避免了无线用户在各个VLAN中数量不均衡的问题

D．方便VLAN间通信

（5）关于VAP模板，下列说法不正确的是（　　）。

A．可以在VAP模板下引用其他模板，如SSID、安全模板等

B．在AP中引用VAP模板，AP就会引入模板中的配置

C．VAP就是AP组（AP-group）的另一个名称

D．通过配置VAP模板下的参数，使AP实现为无线用户提供无线服务的功能

二、能力检测

1．项目背景与分析

将大学生创业孵化基地的无线网络进行改造，改造目标是将直连三层组网隧道转发更改为直连三层组网直接转发，各端口配置的更改务必加以分析说明。

2．项目拓扑（见图 6-5）

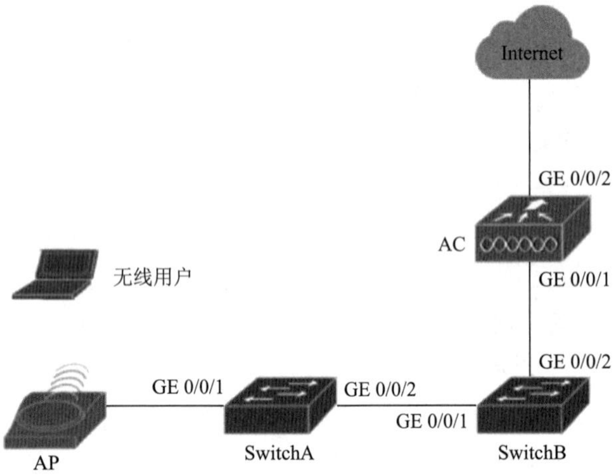

图 6-5　拓扑结构

3．项目规划

根据以上拓扑结构图规划连接方式，填写规划表 6-6～表 6-10。

表 6-6　设备规划

设备类型	设备型号	设备命名	系统版本

表 6-7　端口互联规划

设　备	本端端口	对端设备	对端端口

表 6-8　WLAN 规划

设　备	SSID	加密方式	密　钥

表 6-9　IP 及端口规划

设　备	接　口	规　划	备　注

表6-10　DHCP规划

地址池名称	地址范围	网　关

4．实践结果提交

完成实践内容后，将自己制作的拓扑结构图、设备规划表、端口互联规划表、WLAN规划表、IP及端口规划表、DHCP规划表，以及过程截图提交给老师。

实践项目 7

AC+FIT AP 旁挂三层组网（直接转发）

7.1 项目背景

小李所在项目组接到新的任务，为一家公司部署无线网络。该公司已具备无线局域网，无线部署采用AC+FIT AP的架构，AC与AP为三层组网模式，且AC属于直连方式。因公司业务升级，网络规模扩大，在AC直连方式下，AC会成为流量瓶颈，导致网速下降，因此需要在原有设备基础上，对网络进行改造。

7.2 项目分析

该公司原有无线网络属于AC+FIT AP直连三层组网架构，最合理的改造方案是将AC直连方式更改为AC旁挂，业务数据转发模式设置为直接转发，更改后业务数据不再受到AC的限制，直接上行至外部网络，大大提高了数据转发效率。

7.3 知识准备

CAPWAP隧道建立过程主要包括DHCP过程、Discovery过程、数据传输层安全（datagram transport layer security, DTLS）加密、Join、Image Data（镜像数据）、Configure（配置）、Data Check（数据检查）和Run（运行）等状态。

1. DHCP 过程

DHCP过程包括四步交互，如图7-1所示。在没有预配置AC的IP列表时，则启动AP动态AC发现机制。通过DHCP获取IP地址，若为三层网络，则通过DHCP协议中的

Option返回AC地址列表。

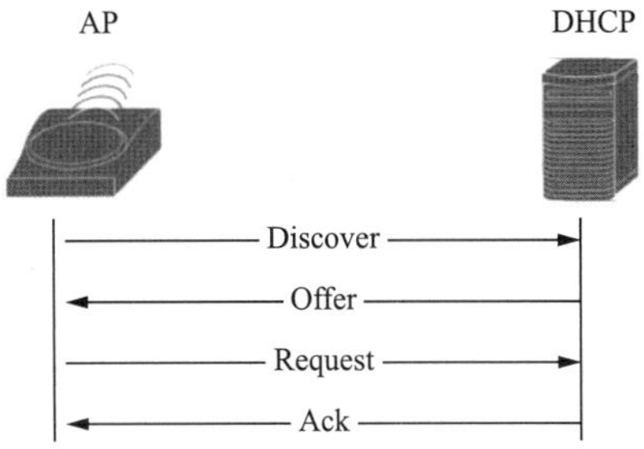

图7-1 DHCP过程

首先是AP发送Discover广播报文，请求DHCP Server响应，在DHCP服务器侦听到Discover报文后，它会从没有租约的地址范围中，选择最前面的空置IP，连同其他TCP/IP设定，响应AP一个DHCP Offer报文，该报文中会包含一个租约期限的信息。由于DHCP Offer报文既可以是单播报文，也可以是广播报文，当AP端收到多台DHCP Server的响应时，只会挑选其中一个Offer（通常是最先抵达的那个），然后向网络中发送一个DHCP Request广播报文，告诉所有的Offer，并重新发送DHCP，DHCP Server将指定接收哪一台服务器提供的IP地址，同时，AP也会向网络发送一个ARP封包，查询网络上面有没有其他机器使用该IP地址，如果发现该IP已被占用，AP会发送出一个DHCP Decline封包给DHCP服务器，拒绝接收其DHCP Discover报文。

当DHCP Server接收到AP的Request报文之后，会向AP发送一个DHCP Ack响应，该报文中携带的信息包括了AP的IP地址、租约期限、网关信息及DNS Server IP等，以此确定租约的正式生效，就此完成DHCP的四步交互工作。

2．Discovery过程

AP与指定的AC连接时，如果未配置AC的IP列表，则启动AP动态发现AC机制来获知哪些AC是可用的，决定与最佳AC来建立CAPWAP隧道的连接。

CAPWAP隧道协议的发现过程如图7-2所示，AP以单播或广播的形式发送“发现请求”报文试图关联AC，AC收到AP的Discover Request以后，会发送一个单播Discover Response给AP，AP可以通过Discover Response中所带的AC优先级或者AC上当前AP的个数等，确定与哪个AC建立会话。

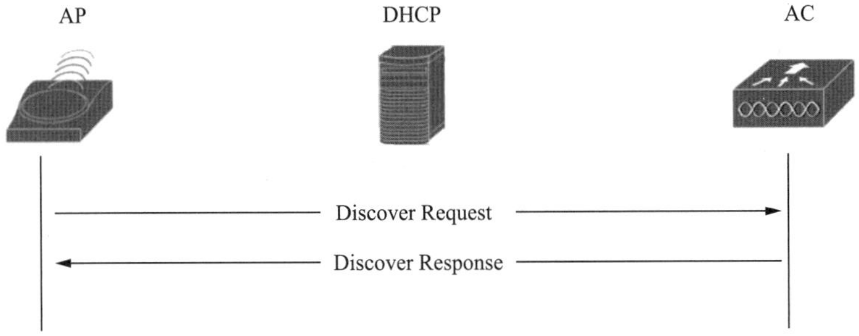

图7-2 Discovery过程

3．数据传输层安全加密

与AC建立连接后，AP根据此IP地址与AC协商，AP接收到响应消息后开始与AC建立CAPWAP隧道，这个阶段可以选择CAPWAP隧道是否采用DTLS加密传输UDP报文，如图7-3所示。

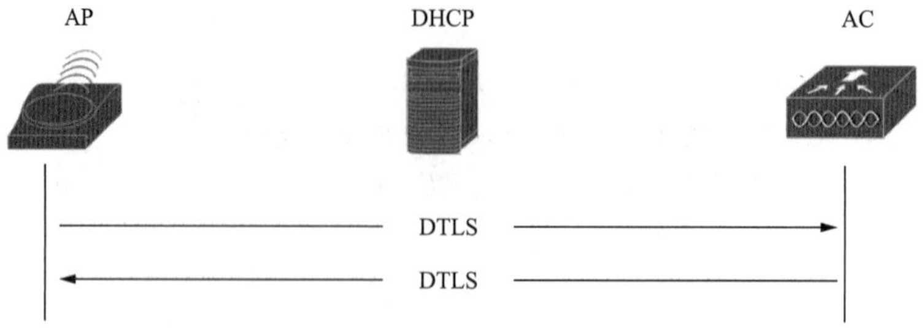

图 7-3　DTLS 加密传输

4．Join

在完成DTLS握手后，AC与AP开始建立控制通道（见图7-4），在建立控制的交互过程中，AC回应的Join Response报文中会携带用户配置的升级版本号、握手报文间隔／超时时间、控制报文优先级等信息。AC会检查AP的当前版本，如果AP的版本无法与AC要求的相匹配，AP和AC会进入Image Data状态做固件升级，以此来更新AP的版本，如果AP的版本符合要求，则进入Configuration状态。

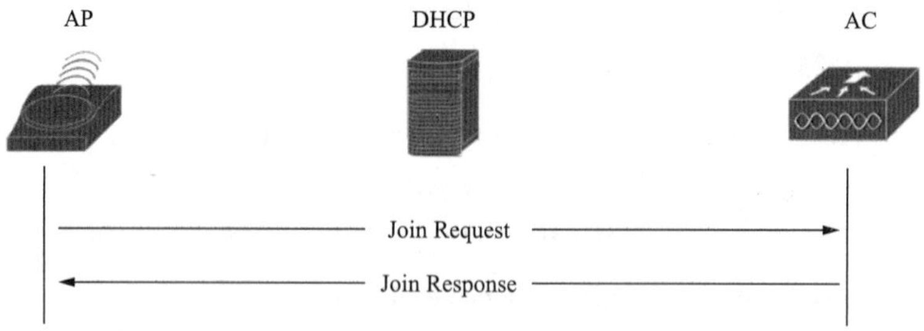

图 7-4　Join

5．Image Data

AP和AC进入Image Data状态做固件升级。AP根据协商参数判断当前版本是否是最新版本，如果不是最新版本，则AP将在CAPWAP隧道上开始更新软件版本。AP在软件版本更新完成后重新启动，重复进行AC发现、建立CAPWAP隧道、加入过程，如图7-5所示。

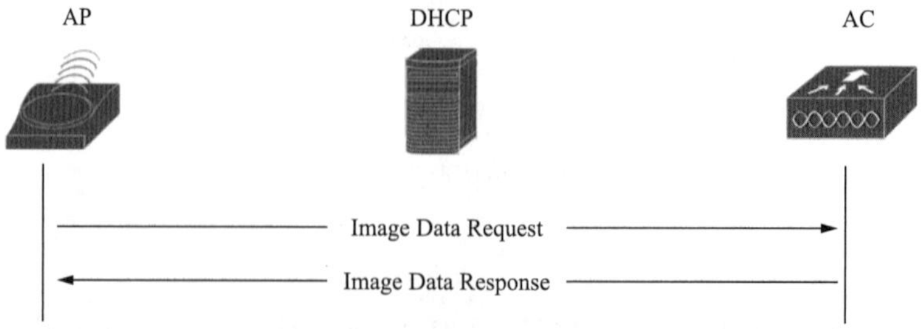

图 7-5　Image Data

6．Configure

进入Configure状态后是为了做AP的现有配置和AC设定配置的匹配检查，AP发送Configuration Request到AC，该信息中包含了现有AP的配置，当AP的当前配置与AC要求不符合时，AC会通过Configuration Response通知AP，如图7-6所示。

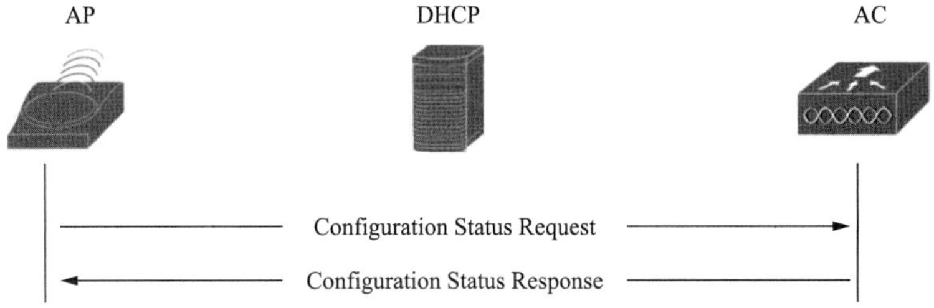

图 7-6　Configure

7．Data Check

当完成Configure后，AP发送Change State Event Request信息，其中包含了Radio、Result、Code等信息，当AC接收到Change State Event Request后，开始回应Change State Event Response，如图7-7所示。

Data Check完成后，标志着管理隧道建立的过程已经完成，开始进入Run状态。

图 7-7　Date Check

8．Run

AP发送Keep Alive到AC，AC收到Keep Alive后表示数据隧道建立，AC回应Keep Alive，AP进入Normal状态，开始正常工作，如图7-8所示。

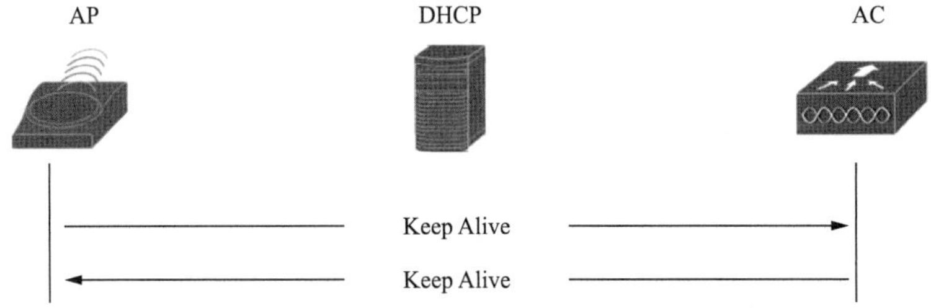

图 7-8　Run

AP进入Run状态后，同时发送Echo Request报文给AC，宣布已建立好CAPWAP隧道并启动Echo发送定时器和隧道检测超时定时器，以检测管理隧道的异常，如图7-9所示。

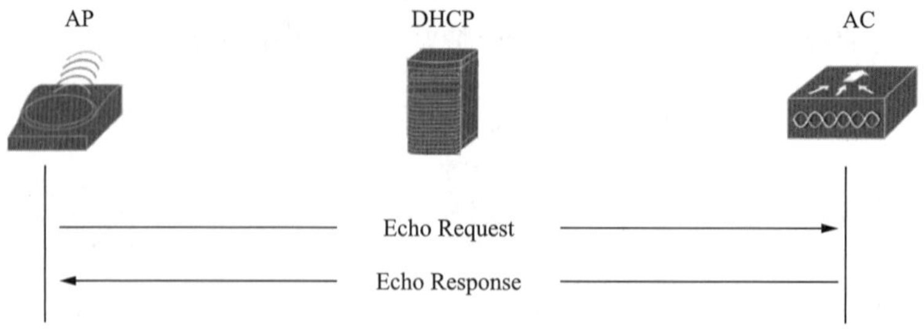

图7-9　Run（控制）

当AC收到Echo Request报文后，同样进入Run状态，并回应Echo Response报文给AP，启动隧道超时定时器。到AP收到Echo Response报文后，会重设检验隧道超时的定时器。

7.4 项目拓扑

项目拓扑结构如图7-10所示。

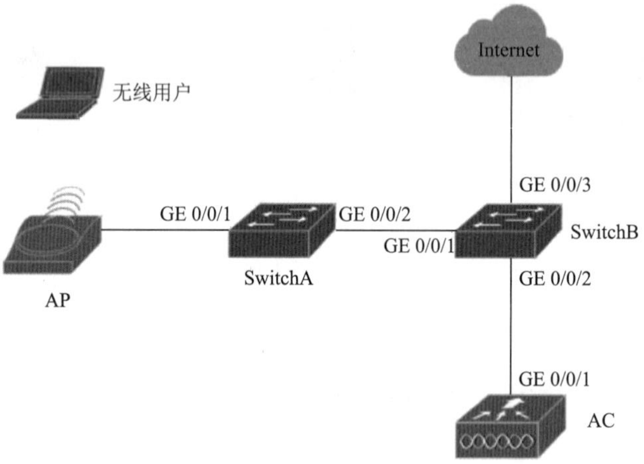

图7-10　拓扑结构

7.5 项目规划

根据图7-10规划连接方式，规划详情见表7-1～表7-5。

表 7-1　设备规划

设备类型	设备型号	设备命名	系统版本
FIT AP	HUAWEI WA5530	1-301	Version 5.160
交换机	HUAWEI S3700	SwitchA	Version 5.110
交换机	HUAWEI S5700	SwitchB	Version 5.110
AC	HUAWEI AC6605	AC	Version 5.160

表 7-2　端口互联规划

设　备	本端端口	对端设备	对端端口
SwitchA	GE 0/0/1	AP	以太网口（poe）
SwitchA	GE 0/0/2	SwitchB	GE 0/0/1
SwitchB	GE 0/0/1	SwitchA	GE 0/0/2
SwitchB	GE 0/0/2	AC	GE 0/0/1
SwitchB	GE 0/0/3	上层网络	—
AC	GE 0/0/1	SwitchB	GE 0/0/2

表 7-3　WLAN 规划

设　备	SSID	加密方式	密　钥
AC	fitap001	WPA-WPA2+PSK+AES	abc12345

表 7-4　IP 及端口规划

设　备	接　口	规　划	备　注
SwitchA	GE 0/0/1	Trunk（设置 PVID 10）	允许 VLAN 10、VLAN 101 和 VLAN 102 通过
SwitchA	GE 0/0/2	Trunk	允许 VLAN 10、VLAN 101 和 VLAN 102 通过
SwitchB	GE 0/0/1	Trunk	允许 VLAN 10、VLAN 101 和 VLAN 102 通过
SwitchB	GE 0/0/2	Trunk	允许 VLAN 100 通过
SwitchB	GE 0/0/3	Trunk	允许 VLAN 101 和 VLAN 102 通过
SwitchB	VLAN 10 接口	10.23.10.1/24	本接口能提供 DHCP 中继功能
SwitchB	VLAN 100 接口	10.23.100.2/24	—
SwitchB	VLAN 101 接口	10.23.101.1/24	DHCP 接口地址池
SwitchB	VLAN 102 接口	10.23.102.1/24	DHCP 接口地址池
AC	GE 0/0/1	Trunk	允许 VLAN 100 通过
AC	VLAN 100 接口	10.23.100.1/24	—

表 7-5　DHCP 规划

地址池名称	类　型	地址范围	网　关
VLANIF 10	AP 所在的管理 VLAN	10.23.10.0/24	10.23.10.1
VLANIF 100	AC 所在的管理 VLAN	10.23.100.0/24	10.23.100.1
VLANIF 101	无线用户的业务 VLAN	10.23.101.0/24	10.23.101.1
VLANIF 102	无线用户的业务 VLAN	10.23.102.0/24	10.23.102.1

AC 与 AP 不在同一广播域，二者分属不同 VLAN，其中 AC 在 VLAN 100 中，AP 在 VLAN 10 中。

7.6 实施过程

步骤1 配置交换机。

（1）配置接入交换机SwitchA的物理接口。

```
[SwitchA] vlan batch 10 101 102       ！创建VLAN
[SwitchA] interface gigabitethernet 0/0/1
[SwitchA-GigabitEthernet0/0/1] port link-type trunk
[SwitchA-GigabitEthernet0/0/1] port trunk pvid vlan 10
                                    ！为AP发送的报文添加VLAN 10标签
[SwitchA-GigabitEthernet0/0/1]port trunk allow-pass vlan 10  101 102
                                    ！直接转发模式下，允许VLAN 101和VLAN 102通过
[SwitchA-GigabitEthernet0/0/1] port-isolate enable        ！端口隔离
[SwitchA-GigabitEthernet0/0/1] quit
[SwitchA] interface gigabitethernet 0/0/2
[SwitchA-GigabitEthernet0/0/2] port link-type trunk
[SwitchA-GigabitEthernet0/0/2]port trunk allow-pass vlan 10 101 102
                                    ！直接转发模式下，允许VLAN 101和VLAN 102通过
[SwitchA-GigabitEthernet0/0/2] quit
```

（2）配置接入交换机SwitchB的接口。

```
[SwitchB] vlan batch 10 100 101 102 ！创建VLAN
[SwitchB] interface gigabitethernet 0/0/1
[SwitchB-GigabitEthernet0/0/1] port link-type trunk
[SwitchB-GigabitEthernet0/0/1]port trunk allow-pass vlan 10 101 102
                                    ！直接转发模式下，允许VLAN 101和VLAN 102通过
[SwitchB-GigabitEthernet0/0/1] quit
[SwitchB] interface gigabitethernet 0/0/2
[SwitchB-GigabitEthernet0/0/2] port link-type trunk
[SwitchB-GigabitEthernet0/0/2]port trunk allow-pass vlan 100
                                    ！AC在VLAN 100，体现了AC与AP不在同一网段
[SwitchB-GigabitEthernet0/0/2] quit
[SwitchB] interface gigabitethernet 0/0/3
[SwitchB-GigabitEthernet0/0/3] port link-type trunk
[SwitchB-GigabitEthernet0/0/3]port trunk allow-pass vlan 101 102
[SwitchB-GigabitEthernet0/0/3] quit
[SwitchB] interface vlanif 100
[SwitchB-vlanif100] ip address 10.23.100.2 24      ！VLANIF 100的IP
[SwitchB-GigabitEthernet0/0/2] quit
```

步骤2 配置AC。

配置AC的接口和路由。

```
[AC] vlan batch 100
[AC] interface vlanif 100
[AC-vlanif100] ip address 10.23.100.1 24           ! VLANIF 100的IP
[AC-vlanif100] quit
[AC] interface gigabitethernet 0/0/1
[AC-GigabitEthernet0/0/1] port link-type trunk
[AC-GigabitEthernet0/0/1]port trunk allow-pass vlan 100
[AC-GigabitEthernet0/0/1] quit
[AC] ip route-static 10.23.10.0 24 10.23.100.2
                                   ! 发往AP的报文，发到下一跳设备SwitchB上
```

步骤3 配置DHCP。

（1）在SwitchB上配置DHCP中继。

```
[SwitchB] dhcp enable
[SwitchB] interface vlanif 10
[SwitchB-vlanif10] ip address 10.23.10.1 24
[SwitchB-vlanif10] dhcp select relay               ! 开启DHCP中继功能
[SwitchB-vlanif10] dhcp relay server-ip 10.23.100.1
                                                   ! 为AC上的DHCP地址池中继
[SwitchB-vlanif10] quit
```

（2）在SwitchB上配置VLANIF 101和VLANIF 102接口为无线用户提供IP地址。

```
[SwitchB] interface vlanif 101
[SwitchB-vlanif101] ip address 10.23.101.1 24      ! VLAN 101接口的IP地址
[SwitchB-vlanif101] dhcp select interface          ! 接口地址池模式
[SwitchB-vlanif101] dhcp server gateway-list 10.23.101.2! 网关默认为接口IP
[SwitchB-vlanif101] quit
[SwitchB] interface vlanif 102
[SwitchB-vlanif102] ip address 10.23.102.1 24      ! VLAN 102接口的IP地址
[SwitchB-vlanif102] dhcp select interface          ! 接口地址池模式
[SwitchB-vlanif102] dhcp server gateway-list 10.23.102.2! 网关默认为接口IP
[SwitchB-vlanif102] quit
```

（3）在AC上创建全局地址池为AP提供地址。

```
[AC] dhcp enable
[AC] ip pool huawei
[AC-ip-pool-huawei] network 10.23.10.0 mask 24
[AC-ip-pool-huawei] gateway-list 10.23.10.1        ! 开启DHCP中继功能
```

```
[AC-ip-pool-huawei] option 43 sub-option 3 ascii 10.23.100.1
                                        ！配置Option 43属性值为AC的IP
[AC-ip-pool-huawei]quit
[AC] interface vlanif 100
[AC-vlanif100] dhcp select global       ！DHCP全局模式
[AC-vlanif100] quit
```

（4）在AC上新建VLAN池，并将VLAN 101和VLAN 102加入其中，配置VLAN池中的VLAN分配算法为Hash。

```
[AC] vlan batch 101 102
[AC] vlan pool sta-pool
[AC-vlan-pool-sta-pool] vlan 101 102
[AC-vlan-pool-sta-pool] assignment hash ！无线用户按照Hash算法分配到不同VLAN中
[AC-vlan-pool-sta-pool] quit
```

步骤4 配置AP上线。

（1）创建AP组，用于将相同配置的AP都加入同一AP组中。

```
[AC] wlan
[AC-wlan-view] ap-group name test   ！创建AP组，相同配置的AP加入同一AP组中
[AC-wlan-ap-group-test] quit
[AC-wlan-view] regulatory-domain-profile name test ！创建域管理模板
[AC-wlan-regulate-domain-test] country-code cn    ！配置AC的国家码
[AC-wlan-regulate-domain-test] quit
[AC-wlan-view] ap-group name test
[AC-wlan-ap-group-test]regulatory-domain-profile test
                                             ！在AP组下引用域管理模板
Warning: Modifying the country code will clear channel, power and antenna
gain configurations of the radio and reset the AP. Continue?[Y/N]: y
[AC-wlan-ap-group-test] quit
[AC-wlan-view] quit
[AC] capwap source interface vlanif 100          ！配置AC的源接口
```

（2）在AC上离线导入AP，并将AP加入AP组“test”中。假设AP的MAC地址为0c20-a4b3-f3d0，并且根据AP的部署位置为AP配置名称，便于从名称上就能够了解AP的部署位置。

```
[AC] wlan                               ！进入WLAN视图
[AC-wlan-view] ap auth-mode mac-auth
                          ！认证模式为mac-auth，即使用AP的MAC地址认证
[AC-wlan-view] ap-id 0 ap-mac 0c20-a4b3-f3d0！手动输入AP的MAC地址
[AC-wlan-ap-0]ap-name 1-301
```

```
                         ！AP的名称1-301与位置信息有关，便于了解AP的部署位置
   Warning: This operation may cause AP reset. Continue? [Y/N]:y
   [AC-wlan-ap-0]ap-group test
   Warning: This operation may cause AP reset. If the country code changes,
it will clear channel, power and antenna gain configurations of the radio,
Whether to continue? [Y/N]:y                       ！此处命令起到刷新配置的作用
   [AC-wlan-ap-0] quit
```

将AP上电后，当执行命令display ap all，可查看到AP的“State”字段为“nor”时，表示AP正常上线。

```
[AC-wlan-view] display ap all
Total AP information:
nor  : normal            [1]
Extra information:
P  : insufficient power supply
-------------------------------------------------------------------------
ID  MAC             Name   Group  IP            Type       State  STA
-------------------------------------------------------------------------
0   0c20-a4b3-f3d0  1-301  test   10.23.100.2  AP5030DN   nor    0
-------------------------------------------------------------------------
Total: 1
```

步骤5 配置AC中WLAN业务模板及参数。

（1）配置WLAN业务参数。

```
[AC-wlan-view] security-profile name test     ！安全模板
[AC-wlan-sec-prof-test] security wpa-wpa2 psk pass-phrase abc12345 aes
                                              ！安全策略和密码设置
[AC-wlan-sec-prof-test] quit
[AC-wlan-view] ssid-profile name test         ！创建名为test的SSID模板
[AC-wlan-ssid-prof-test] ssid fitap001        ！SSID名称为fitap001
[AC-wlan-ssid-prof-test] quit
[AC-wlan-view] vap-profile name test          ！创建名为test的VAP模板
[AC-wlan-vap-prof-test]forward-mode direct-forward
                                              ！业务数据转发模式为直接转发
[AC-wlan-vap-prof-test] service-vlan vlan-pool sta-pool
                                  ！业务VLAN为VLAN池中的VLAN 101和VLAN 102
[AC-wlan-vap-prof-test] security-profile test ！引用安全模板
[AC-wlan-vap-prof-test] ssid-profile test     ！引用SSID模板
[AC-wlan-vap-prof-test] quit
[AC-wlan-view] ap-group name test             ！进入ap-group视图
[AC-wlan-ap-group-test] vap-profile test wlan 1 radio 0
                         ！引用VAP模板，AP上射频0和射频1都使用VAP模板test的配置
```

```
[AC-wlan-ap-group-test] vap-profile test wlan 1 radio 1
[AC-wlan-ap-group-test] quit
```

（2）配置AP射频的信道和功率。

```
[AC-wlan-view] ap-id 0
[AC-wlan-ap-0] radio 0
[AC-wlan-radio-0/0]calibrate auto-channel-select disable
  ！关闭AP射频0的信道和功率自动调优功能，部分版本当前视图下不支持此命令时可忽略
[AC-wlan-radio-0/0]calibrate auto-txpower-select disable
[AC-wlan-radio-0/0]channel 20mhz 6
Warning: This action may cause service interruption. Continue?[Y/N]y
[AC-wlan-radio-0/0]eirp 127
[AC-wlan-radio-0/0]quit
[AC-wlan-ap-0] radio 1
[AC-wlan-radio-0/1]calibrate auto-channel-select disable
[AC-wlan-radio-0/1]calibrate auto-txpower-select disable
[AC-wlan-radio-0/0]channel 20mhz 149
Warning: This action may cause service interruption. Continue?[Y/N]y
[AC-wlan-radio-0/0]eirp 127
[AC-wlan-radio-0/0]quit
```

7.7 项目验证

WLAN业务配置会自动下发给AP，配置完成后，通过执行命令display vap ssid fitap001查看如下信息，当“Status”项显示为“ON”时，表示AP对应的射频上的VAP已创建成功。

```
[AC-wlan-view] display vap ssid fitap001
WID : WLAN ID
-----------------------------------------------------------------------
AP-id AP-name RfID  BSSID           Status  Auth type      STA  SSID
-----------------------------------------------------------------------
0     1-301   0     60DE-4476-E360  ON      WPA/WPA2-PSK   0    fitap001
0     1-301   1     60DE-4476-E370  ON      WPA/WPA2-PSK   0    fitap001
-----------------------------------------------------------------------
Total: 2
```

在无线用户（笔记本计算机）上开启WLAN服务，查看WLAN列表中是否出现fitap001，如图7-11所示。无线客户搜索到名为fitap001的无线网络，输入密码abc12345并正常关联。

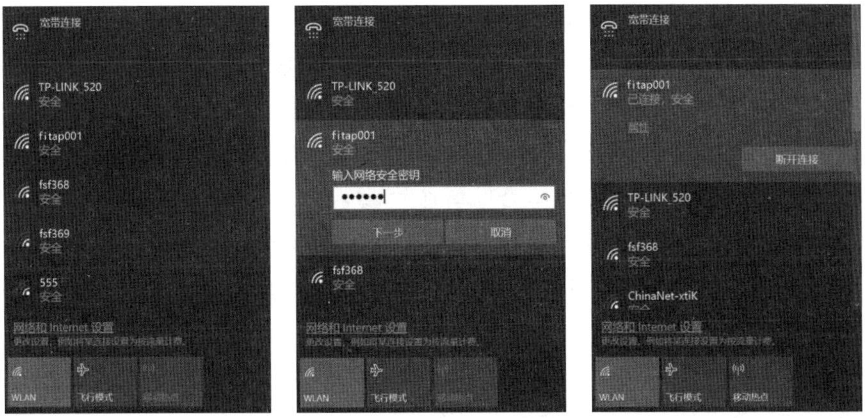

图 7-11　连接 WLAN

在 AC 上执行 display station ssid fitap001 命令，可以查看到用户已经接入到无线网络中。

```
[AC-wlan-view] display station ssid fitap001
Rf/WLAN: Radio ID/WLAN ID
Rx/Tx: link receive rate/link transmit rate(Mbps)
--------------------------------------------------------------------------
STA-MAC          AP-ID  Ap-name  Rf/WLAN  Band  Type  vlan  IP address
--------------------------------------------------------------------------
e200-3c17-3e8a   0      1-301    1/1      5G    11n   101   10.23.101.5
--------------------------------------------------------------------------
Total: 1 2.4G: 0 5G: 1
```

拓 展 练 习

一、知识检测

（1）当 AP 请求 DHCP 服务时，会发送 Discover 广播报文，请求 DHCP 服务器的响应，当 AP 收到 DHCP 服务器下发的 IP 地址之后，AP 会（　　）。

A. 发送 Discover 广播报文，请求 DHCP Server 响应

B. 发送出一个 DHCP Decline 封包给 DHCP 服务器

C. 向网络发送一个 ARP 封包，查询网络上面有没有其他机器使用该 IP 地址

D. 从没有租约的地址范围中，选择一个 IP 地址

（2）在 CAPWAP 隧道建立过程中，AP 的行为不包括（　　）。

A. AP 启用动态发现 AC 机制来获知哪些 AC 是可用的

B. 在三层网络中，AP 以单播形式发送“发现请求”报文试图关联 AC

C. AP 可以通过 Discover Response 中所带的 AC 优先级或者 AC 上当前 AP 的个数等，确定与哪个 AC 建立会话

D. AC 收到 AP 的 Discover Request 以后，会发送一个单播 Discover Response 给 AP

（3）AC与AP在建立控制的交互过程中，不包括（　　）。

A．AC回应的报文中会携带用户配置的升级版本号、握手报文间隔/超时时间、控制报文优先级等信息

B．AC会检查AP的当前版本，如果AP的版本无法与AC要求的相匹配，AP和AC会进入Image Data状态做固件升级

C．如果AP的版本符合要求，则进入Configuration状态

D．AP在软件版本更新完成后重新启动，重复进行AC发现、建立CAPWAP隧道、加入过程

（4）在三层旁挂拓扑结构中，关于无线用户的业务报文说法正确的是（　　）。

A．若为隧道转发，则业务报文不经过AC

B．若为直接转发，则业务报文经过AC

C．若为隧道转发，则业务报文经过AC

D．若为直接转发，则业务报文可以经过AC，也可以不经过AC

（5）在三层旁挂拓扑结构中，直接转发模式下，业务报文的处理过程为（　　）。

A．由AP使用CAPWAP隧道协议封装后，不经过AC转发

B．由AP使用CAPWAP隧道协议封装后，经过AC转发

C．业务报文不被CAPWAP隧道协议封装，不经过AC转发

D．业务报文不被CAPWAP隧道协议封装，经过AC转发

二、能力检测

1．项目背景与分析

将大学生创业孵化基地的无线网络进行改造，改造目标是将直连三层组网直接转发更改为旁挂三层组网隧道转发，各端口配置的更改务必加以分析说明。

2．项目拓扑（见图7-12）

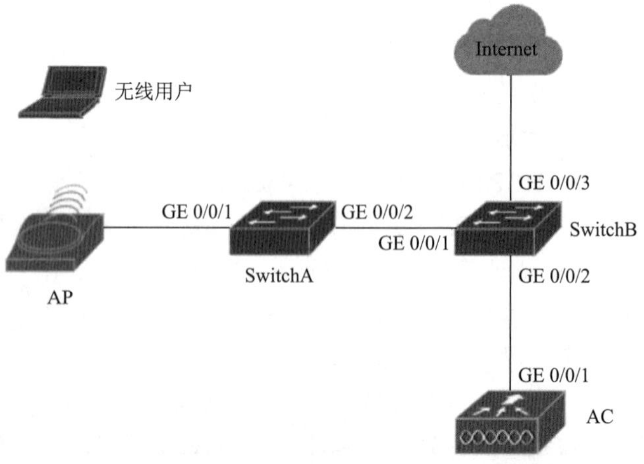

图7-12　拓扑结构

3. 项目规划

根据以上拓扑结构图规划连接方式，规划表 7-6～表 7-10。

表 7-6 设备规划

设备类型	设备型号	设备命名	系统版本

表 7-7 端口互联规划

设　备	本端端口	对端设备	对端端口

表 7-8 WLAN 规划

设　备	SSID	加密方式	密　钥

表 7-9 IP 及端口规划

设　备	接　口	规　划	备　注

表 7-10 DHCP 规划

地址池名称	地址范围	网　关

4. 实践结果提交

完成实践内容后，将自己制作的拓扑结构图、设备规划表、端口互联规划表、WLAN 规划表、IP 及端口规划表、DHCP 规划表，以及过程截图提交给老师。

实践项目 8

同 VLAN 内的二层漫游

8.1 项目背景

小李所在项目组曾经为一家企业部署了二层组网的WLAN，但随着企业园区不断扩大，导致网络节点不断增加。现在企业提出新的需求，即用户在无线网络覆盖区域内移动时，保证不断网，业务不中断。小李计划在二层组网架构下，部署同VLAN内漫游功能。

8.2 项目分析

二层漫游中，多个AP连接在同一个VLAN内，无线用户在不同的AP间切换时，始终在一个VLAN子网内。

（1）二层漫游主要包括以下四个步骤：

① 当无线用户与AP1关联时，也会在各个信道中发送802.11请求帧，若AP2在收到请求后，会发送应答来进行响应；

② 无线用户收到应答后，对其进行评估，确定更适合关联的AP为AP2；

③ 无线用户向AP2发送关联请求，AP2使用关联响应做出应答，建立用户与AP2间的关联；

④ 无线用户向AP1发送解除关联信息，解除与AP1间的关联。

（2）基于安全策略的不同，分为以下四种情况：

① 如果用户使用的是Open或Share-key的安全策略，则用户漫游已完成。

② 如果用户使用的是WPA/WPA2＋PSK的安全策略，则还需要完成四步密钥协商。

③ 如果用户不支持快速漫游，即使使用的是WPA2＋802.1x的安全策略，用户仍需要完成802.1x认证过程才能完成漫游。

④ 只有用户既支持快速漫游，同时又使用的是WPA2＋802.1x的安全策略，才会进入快速漫游进程。

8.3 知识准备

1. 漫游

WLAN 漫游是指站点在同属于一个 ESS 内的 AP 之间移动过程中，保持已有的业务不中断。如图 8-1 所示，无线用户先关联在 AP1 上，然后从 AP1 的覆盖范围移动到 AP2 的覆盖范围，并在 AP2 上重新关联，期间站点保持 IP 地址不变且用户感受不到业务中断。

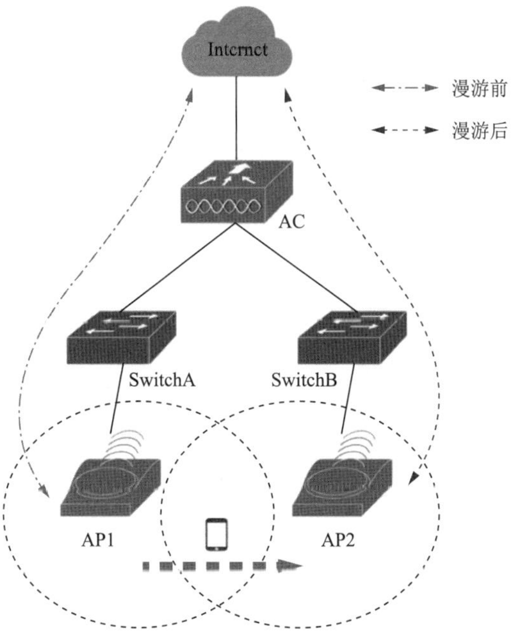

图 8-1　二层漫游示意图

漫游前：无线用户发送数据报文给 AP1，AP1 接收到数据报文后通过用户网关发送给上层网络。

漫游后：无线用户发送数据报文给 AP2，AP2 接收到数据报文后通过用户网关发送给上层网络。

WLAN 漫游技术可实现用户在移动过程中业务不发生中断。当然，业务不中断是指宏观意义上的，在用户侧无法感知到网络中断。实际上由于多种因素，如漫游前后两个 AP 间的信号交叠地带信号弱、终端漫游过程中需要切换信道扫描到新 AP、终端需要在新老 AP 间切换关联关系、终端关联到新 AP 后需要重新协商密钥甚至重新认证等，漫游过程中会有少量丢包及延时。

此外，只有无线用户在属于同一个 ESS 的不同 AP 间移动才能称为漫游。如果无线用户开始关联的 SSID 与后来关联的 SSID 不相同，则不能称之为漫游，此时无线用户需要重新关联、认证、获取 IP，且无法保障业务不中断。除了 SSID 相同外，WLAN 漫游发生的必要条件包括：AP安全策略相同，AP覆盖范围有重叠区域，信号覆盖重叠区域至少应保持在15% ～25%。

WLAN漫游的关键是尽量减少漫游过程中的丢包、使上层业务感知不到明显延时、卡顿，保障用户移动过程中业务体验仍能流畅自如。

WLAN漫游策略主要解决以下问题：

（1）避免漫游过程中的认证时间过长导致丢包甚至业务中断。

802.1x认证、Portal认证等认证过程报文交互次数和时间大于WLAN连接过程，所以漫游需要避免重新进行认证授权及密钥协商过程。

（2）保证用户授权信息不变。

用户的认证和授权信息是用户访问网络的通行证，如果需要漫游后业务不中断，必须确保用户在AC上的认证和授权信息不变。

（3）保证用户IP地址不变。

应用层协议均以IP地址和TCP/UDP Session为用户业务承载，漫游后的用户必须能够保持原IP地址不变，对应的TCP/UDP Session才能够不中断，应用层数据才能够保持正常转发。

2. 二层漫游和三层漫游

根据无线用户漫游前后是否在同一个子网中，可以将漫游分为二层漫游和三层漫游。

二层漫游是指无线用户在同一个子网中漫游，无线用户漫游前后所关联的AP1及AP2都在同一VLAN中。

根据无线用户是否支持快速漫游，又可以将二层漫游分为快速漫游和非快速漫游两种方式。快速漫游，又称为二层安全漫游，它是指当无线用户使用的是WPA/WPA2+802.1x的安全策略，并且支持Key Caching快速漫游技术时，这时的用户漫游即为快速安全漫游，不需要重新完成802.1x认证过程，只需要完成四步密钥交互即可。

当用户使用的是非WPA/WPA2＋802.1x的安全策略时，用户的漫游都属于非快速漫游。此外，如果用户使用的是WPA/WPA2＋802.1x的安全策略，但用户不支持快速漫游，则该漫游仍然不属于快速漫游，用户仍需要完成802.1x认证过程才能完成漫游。

三层漫游是指无线用户在不同子网间漫游。无线用户漫游前关联AP1的业务VLAN为100，漫游后关联的AP2不在VLAN 100内，其业务VLAN为200。虽然三层漫游前后无线用户所处的VLAN不同，但是漫游后AC仍然把无线用户视为从原始子网（VLAN 100）连过来一样，且无线用户的IP地址保持不变。

二层漫游和三层漫游在转发行为上有很大差别，所以正确区分二层漫游和三层漫游比较重要。如果不同AP配置的业务VLAN相同，可以认为它们在同一个子网内，无线用户在这两个AP间漫游属于二层漫游，否则，AP分属不同的子网，无线用户在这两个AP间漫游属于三层漫游。

8.4 项目拓扑

项目拓扑结构如图 8-2 所示。

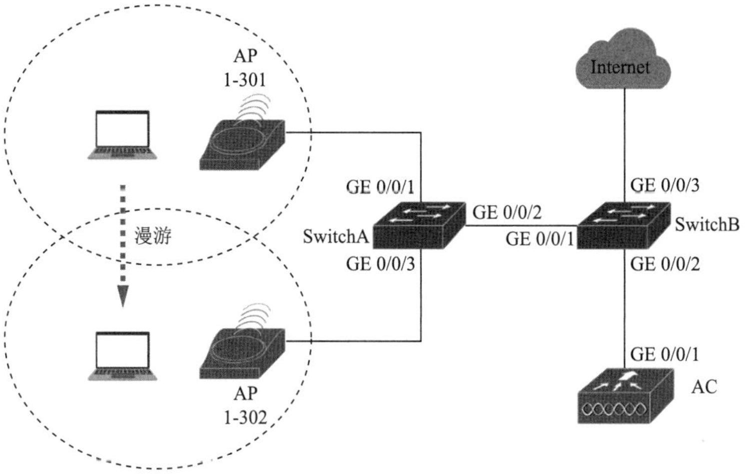

图 8-2　拓扑结构

8.5 项目规划

根据图 8-2 规划连接方式，规划详情见表 8-1～表 8-5。

表 8-1　设备规划

设备类型	设备型号	设备命名	系统版本
AP	AP8130DN	1-301	Version 5.160
AP	AP8130DN	1-302	Version 5.160
交换机	HUAWEI S5700	SwitchA	Version 5.110
交换机	HUAWEI S3700	SwitchB	Version 5.110
AC	HUAWEI AC6605	AC	Version 5.160

表 8-2　端口互联规划

设　备	本端端口	对端设备	对端端口
SwitchA	GE 0/0/1	1-301	GE 0/0/1
SwitchA	GE 0/0/2	SwitchB	GE 0/0/1
SwitchA	GE 0/0/3	1-302	GE 0/0/1
SwitchB	GE 0/0/1	SwitchA	GE 0/0/2
SwitchB	GE 0/0/2	AC	GE 0/0/1
AC	GE 0/0/1	SwitchB	GE 0/0/2

表 8-3 WLAN 规划

设 备	SSID	加密方式	密 钥
AC	fitap001	WPA-WPA2+PSK+AES	abc12345

表 8-4 IP 及端口规划

设 备	接 口	规 划	备 注
SwitchA	GE 0/0/1	Trunk	允许VLAN 100通过
SwitchA	GE 0/0/2	Trunk	允许VLAN 100通过
SwitchA	GE 0/0/3	Trunk	允许VLAN 100通过
SwitchB	GE 0/0/1	Trunk	允许VLAN 100通过
SwitchB	GE 0/0/2	Trunk	允许VLAN 100和VLAN 101通过
SwitchB	VLAN 101接口	10.23.101.1/24	DHCP接口地址池
AC	GE 0/0/1	Trunk	允许VLAN 100和VLAN 101通过
AC	VLAN 100接口	10.23.100.1/24	DHCP接口地址池

表 8-5 DHCP 规划

地址池名称	类 型	地址范围	网 关
VLANIF 100	AC所在的管理VLAN	10.23.100.0/24	10.23.100.1
VLANIF 101	无线用户的业务VLAN	10.23.101.0/24	10.23.101.1

8.6 实施过程

步骤1 配置交换机。

（1）配置接入交换机SwitchA的接口。

```
[SwitchA] vlan batch 100
[SwitchA] interface gigabitethernet 0/0/1
[SwitchA-GigabitEthernet0/0/1] port link-type trunk
[SwitchA-GigabitEthernet0/0/1] port trunk pvid vlan 100! 缺省VLAN 100
[SwitchA-GigabitEthernet0/0/1] port trunk allow-pass vlan 100
[SwitchA-GigabitEthernet0/0/1] port-isolate enable
[SwitchA-GigabitEthernet0/0/1] quit
[SwitchA] interface gigabitethernet 0/0/2
[SwitchA-GigabitEthernet0/0/2] port link-type trunk
[SwitchA-GigabitEthernet0/0/2] port trunk allow-pass vlan 100
                                                     ! 允许VLAN 100通过
[SwitchA-GigabitEthernet0/0/2] quit
[SwitchA] interface gigabitethernet 0/0/3
[SwitchA-GigabitEthernet0/0/3] port link-type trunk
```

```
[SwitchA-GigabitEthernet0/0/3] port trunk pvid vlan 100
[SwitchA-GigabitEthernet0/0/3] port trunk allow-pass vlan 100
[SwitchA-GigabitEthernet0/0/3] port-isolate enable
[SwitchA-GigabitEthernet0/0/3] quit
```

（2）配置SwitchB的接口。

```
[SwitchB] vlan batch 100 101
[SwitchB] interface gigabitethernet 0/0/1
[SwitchB-GigabitEthernet0/0/1] port link-type trunk
[SwitchB-GigabitEthernet0/0/1] port trunk allow-pass vlan 100
[SwitchB-GigabitEthernet0/0/1] quit
[SwitchB] interface gigabitethernet 0/0/2
[SwitchB-GigabitEthernet0/0/2] port link-type trunk
[SwitchB-GigabitEthernet0/0/2] port trunk allow-pass vlan 100 101
                                                   ! 允许管理VLAN 100和业务VLAN 101通过
[SwitchB-GigabitEthernet0/0/2] quit
[SwitchB] interface gigabitethernet 0/0/3
[SwitchB-GigabitEthernet0/0/3] port link-type trunk
[SwitchB-GigabitEthernet0/0/3] port trunk allow-pass vlan 101
                                                   ! 允许业务VLAN 101通过
[SwitchB-GigabitEthernet0/0/3] quit
```

步骤2　配置AC与其他设备互通。

```
[AC] vlan batch 100 101
[AC] interface gigabitEthernet 0/0/1
[AC-GigabitEthernet0/0/1] port link-type trunk
[AC-GigabitEthernet0/0/1] port trunk allow-pass vlan 100 101
[AC-GigabitEthernet0/0/1] quit
```

步骤3　配置DHCP。

（1）在AC上配置VLANIF 100接口为AP提供IP地址。

```
[AC] dhcp enable
[AC] interface vlanif 100
[AC-vlanif100] ip address 10.23.100.1 24
[AC-vlanif100] dhcp select interface！接口地址池为AP分配IP
[AC-vlanif100] quit
```

（2）在SwitchB上配置VLANIF 101接口为无线用户提供IP地址。

```
[SwitchB] dhcp enable
```

```
[SwitchB] interface vlanif 101
[SwitchB-vlanif101] ip address 10.23.101.1 24
[SwitchB-vlanif101] dhcp select interface
[SwitchB-vlanif101] quit
```

步骤4 配置AP上线。

（1）创建AP组，用于将相同配置的AP都加入同一AP组中。

```
[AC] wlan
[AC-wlan-view] ap-group name test
[AC-wlan-ap-group-test] quit
```

（2）创建域管理模板，在域管理模板下配置AC的国家码并在AP组下引用域管理模板。

```
[AC-wlan-view] regulatory-domain-profile name test ! 域模版test
[AC-wlan-regulate-domain-test] country-code cn
[AC-wlan-regulate-domain-test] quit
[AC-wlan-view] ap-group name test
[AC-wlan-ap-group-test] regulatory-domain-profile test
Warning: Modifying the country code will clear channel, power and antenna
gain configurations of the radio and reset the AP. Continue?[Y/N]:y
[AC-wlan-ap-group-test] quit
[AC-wlan-view] quit
```

（3）配置AC源接口。

```
[AC] capwap source interface vlanif 100
```

（4）在AC上离线导入AP，并将AP加入AP组“test”中。假设AP的MAC地址为0c20-a4b3-f3d0，并且根据AP的部署位置为AP配置名称，便于从名称上就能够了解AP的部署位置。

```
[AC-wlan-view] ap auth-mode mac-auth
[AC-wlan-view] ap-id 0 ap-mac 0c20-a4b3-f3d0
[AC-wlan-ap-0] ap-name 1-301
Warning: This operation may cause AP reset. Continue? [Y/N]:y
                                                    ! 命名AP为1-301
[AC-wlan-ap-0] ap-group test
Warning: This operation may cause AP reset. If the country code changes,
it will clear channel, power and antenna gain configurations of the radio,
Whether to continue? [Y/N]:y
[AC-wlan-ap-0] quit
[AC-wlan-view] ap auth-mode mac-auth
```

```
[AC-wlan-view] ap-id 1 ap-mac 0c20-a5c3-e2a8
[AC-wlan-ap-1] ap-name 1-302                  ！命名AP为1-302
Warning: This operation may cause AP reset. Continue? [Y/N]:y
[AC-wlan-ap-1] ap-group test
Warning: This operation may cause AP reset. If the country code changes,
it will clear channel, power and antenna gain configurations of the radio,
Whether to continue? [Y/N]:y
[AC-wlan-ap-1] quit
```

将AP上电后，当执行命令display ap all查看到AP的“State”字段为“nor”时，表示AP正常上线。

```
[AC-wlan-view] display ap all
Total AP information:
nor  : normal            [2]
Extra information:
P  : insufficient power supply
------------------------------------------------------------------------
ID MAC            Name  Group IP            Type     State STA Uptime
------------------------------------------------------------------------
0  0c20-a4b3-f3d0 1-301 test  10.23.100.254 AP5030DN nor   0   15S
1  0c20-a5c3-e2a8 1-302 test  10.23.100.253 AP5030DN nor   0   10S
------------------------------------------------------------------------
Total: 2
```

步骤5 配置WLAN业务参数。

（1）创建名为test的安全模板，并配置安全策略。

```
[AC-wlan-view] security-profile name test
[AC-wlan-sec-prof-test] security wpa-wpa2 psk pass-phrase abc12345 aes
[AC-wlan-sec-prof-test] quit
[AC-wlan-view] ssid-profile name test
[AC-wlan-ssid-prof-test] ssid fitap001
[AC-wlan-ssid-prof-test] quit
```

（2）创建名为test的VAP模板，配置业务数据转发模式、业务VLAN，并且引用安全模板和SSID模板。

```
[AC-wlan-view] vap-profile name test
[AC-wlan-vap-prof-test] forward-mode tunnel        ！业务报文为隧道转发模式
[AC-wlan-vap-prof-test] service-vlan vlan-id 101  ！业务VLAN为101
[AC-wlan-vap-prof-test] security-profile test
[AC-wlan-vap-prof-test] ssid-profile test
```

```
[AC-wlan-vap-prof-test] quit
```

（3）配置AP组引用VAP模板，AP上射频0和射频1都使用VAP模板test的配置。

```
[AC-wlan-view] ap-group name test
[AC-wlan-ap-group-test] vap-profile test wlan 1 radio 0
[AC-wlan-ap-group-test] vap-profile test wlan 1 radio 1
[AC-wlan-ap-group-test] quit
```

（4）开启射频调优功能自动选择AP最佳信道和功率。

```
[AC-wlan-view] ap-group name test
[AC-wlan-ap-group-test] radio 0
[AC-wlan-group-radio-test/0] undo calibrate auto-channel-select disable
                                                    ！部分版本不支持此命令
[AC-wlan-group-radio-test/0] undo calibrate auto-txpower-select disable
[AC-wlan-group-radio-test/0] quit
[AC-wlan-ap-group-test] radio 1
[AC-wlan-group-radio-test/1] undo calibrate auto-channel-select disable
                                                    ！部分版本不支持此命令
[AC-wlan-group-radio-test/1] undo calibrate auto-txpower-select disable
[AC-wlan-group-radio-test/1] quit
```

（5）在域管理模板下配置调优信道集合。

```
[AC-wlan-view] regulatory-domain-profile name test
[AC-wlan-regulate-domain-test] dca-channel 2.4g channel-set 1,6,11
                                                    ！信道选择1、6和11
[AC-wlan-regulate-domain-test] dca-channel 5g bandwidth 20mhz
[AC-wlan-regulate-domain-test] dca-channel 5g channel-set 149,153,157,161
                                                    ！信道选择149、153、157和161
[AC-wlan-regulate-domain-test] quit
```

（6）创建空口扫描模板wlan-airscan，并配置调优信道集合、扫描间隔时间和扫描持续时间。

```
[AC-wlan-view] air-scan-profile name wlan-airscan
[AC-wlan-air-scan-prof-wlan-airscan] scan-channel-set dca-channel
[AC-wlan-air-scan-prof-wlan-airscan] scan-period 60      ！扫描持续时间
[AC-wlan-air-scan-prof-wlan-airscan] scan-interval 60000！扫描间隔时间
[AC-wlan-air-scan-prof-wlan-airscan] quit
```

（7）创建2G射频模板wlan-radio2g，并在该模板下引用空口扫描模板wlan-airscan。创建5G射频模板wlan-radio5g，并在该模板下引用空口扫描模板wlan-airscan。

```
[AC-wlan-view] radio-2g-profile name wlan-radio2g
[AC-wlan-radio-2g-prof-wlan-radio2g] air-scan-profile wlan-airscan
                                         ! 引入空口扫描模板
[AC-wlan-radio-2g-prof-wlan-radio2g] quit
[AC-wlan-view] radio-5g-profile name wlan-radio5g
[AC-wlan-radio-5g-prof-wlan-radio5g] air-scan-profile wlan-airscan
                                         ! 引入空口扫描模板
[AC-wlan-radio-5g-prof-wlan-radio5g] quit
```

（8）在名为test的AP组下引用5G射频模板wlan-radio5g和2G射频模板wlan-radio2g。

```
[AC-wlan-view] ap-group name test
[AC-wlan-ap-group-test] radio-5g-profile wlan-radio5g radio 1
Warning: This action may cause service interruption. Continue?[Y/N]y
[AC-wlan-ap-group-test] radio-2g-profile wlan-radio2g radio 0
Warning: This action may cause service interruption. Continue?[Y/N]y
[AC-wlan-ap-group-test] quit
```

（9）配置射频调优模式为手动调优，并手动触发射频调优。待执行手动调优一小时后，调优结束。将射频调优模式改为定时调优，并将调优时间定为用户业务空闲时段（如当地时间凌晨00:00～06:00时段）。

```
[AC-wlan-view] calibrate enable manual
[AC-wlan-view] calibrate manual startup
[AC-wlan-view] calibrate enable schedule time 03:00:00
```

8.7　项目验证

配置完成后，执行命令display vap ssid fitap001查看VAP信息，当“Status”显示为“ON”时，表示AP对应射频上的VAP已创建成功。

```
[AC-wlan-view] display vap ssid fitap001
Info: This operation may take a few seconds, please wait.
WID : WLAN ID
-----------------------------------------------------------------------
AP-ID AP-Name RfID WID BSSID          Status Auth type     STA  SSID
-----------------------------------------------------------------------
0     1-301   0    1   60DE-4476-E360 ON     WPA/WPA2-PSK  0    FITAP001
0     1-301   1    1   60DE-4476-E370 ON     WPA/WPA2-PSK  0    FITAP001
1     1-302   0    1   60DE-4474-9640 ON     WPA/WPA2-PSK  0    FITAP001
```

```
1      1-302   1    1    60DE-4474-9650 ON      WPA/WPA2-PSK  0     FITAP001
---------------------------------------------------------------------------
Total: 4
```

无线用户在AP1的覆盖范围内搜索到SSID为fitap001的无线网络，输入密码abc12345并正常关联后，在AC上执行命令display station ssid fitap001，查看无线用户的接入信息，可以看到无线用户关联到了AP1。

```
[AC-wlan-view] display station ssid fitap001
Rf/WLAN: Radio ID/WLAN ID
Rx/Tx: link receive rate/link transmit rate(Mbps)
---------------------------------------------------------------------------
STA MAC           AP-ID   Ap-Name   Rf/WLAN   Band   vlan   IP address
---------------------------------------------------------------------------
e200-3c17-3e8a    0       1-301     1/1       5G     101    10.23.101.254
---------------------------------------------------------------------------
Total: 1 2.4G: 0 5G: 1
```

当无线用户从AP1的覆盖范围移动到AP2的覆盖范围时，在AC上执行命令display station ssid fitap001，查看无线用户的接入信息，可以看到无线用户关联到了AP2。

```
[AC-wlan-view] display station ssid fitap001
Rf/WLAN: Radio ID/WLAN ID
Rx/Tx: link receive rate/link transmit rate(Mbps)
---------------------------------------------------------------------------
STA MAC           AP-ID    Ap-Name   Rf/WLAN   Band   vlan   IP address
---------------------------------------------------------------------------
e200-3c17-3e8a    1        1-302     1/1       5G     101    10.23.101.254
---------------------------------------------------------------------------
Total: 1 2.4G: 0 5G: 1
```

拓 展 练 习

一、知识检测

（1）以下选项中，（　　）不属于漫游的主要目的。

A．避免漫游过程中的认证时间过长导致丢包甚至业务中断

B．保证用户授权信息不变

C．保证用户IP地址不变

D．保证用户网络速率不变

（2）如果连接同一个SSID的无线客户端想从一个AP漫游到另一个AP，那么两个AP之间信号重叠的区域范围一般为（　　）。

A．50%　　B．不需要重叠

C．100%　　D．10%～15%

（3）IEEE 802.11标准中用来定义漫游的是（　　）。

A．IEEE 802.11c　　B．IEEE 802.11h

C．IEEE 802.11j　　D．IEEE 802.11r

（4）终端在不同VLAN内的漫游属于（　　）。

A．无缝的AP漫游　　B．二层漫游

C．三层漫游　　D．四层漫游

（5）用户能够实现三层漫游的前提条件包括（　　）。（多选题）

A．用户漫游切换的两个AP必须具有相同的SSID

B．用户漫游切换的两个AP必须具有相同的VLAN

C．用户漫游要求两个AP信号覆盖有重叠区域

D．用户漫游切换的两个AP释放的SSID必须要有相同的认证方式

二、能力检测

1．项目背景与分析

已具备无线局域网，且无线部署采用AC旁挂二层组网的架构。需要在原有无线网络基础上，部署二层漫游功能，要求无线用户在两个AP间实现二层漫游。

2．项目拓扑（见图 8-3）

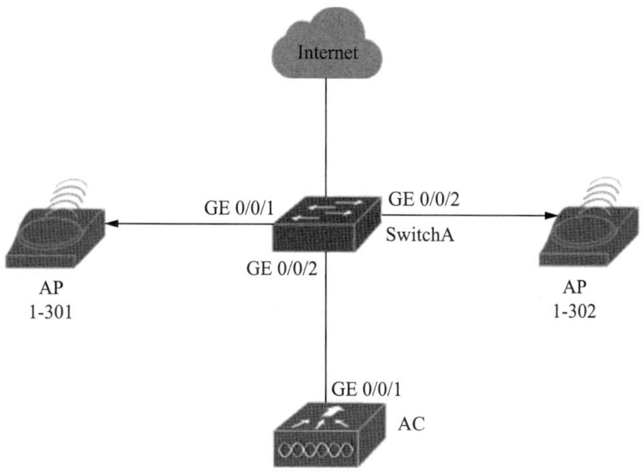

图 8-3　拓扑结构

3．项目规划

根据以上拓扑结构图规划连接方式，填写规划表8-6～表8-10。

表 8-6　设备规划

设备类型	设备型号	设备命名	系统版本

表 8-7　端口互联规划

设　　备	本端端口	对端设备	对端端口

表 8-8　WLAN 规划

设　　备	SSID	加密方式	密　　钥

表 8-9　IP 及端口规划

设　　备	接　　口	规　　划	备　　注

表 8-10　DHCP 规划

地址池名称	地址范围	网　　关

4．实践结果提交

成实践内容后，将自己制作的拓扑结构图、设备规划表、端口互联规划表、WLAN 规划表、IP 及端口规划表、DHCP 规划表，以及过程截图提交给老师。

实践项目 9

跨 VLAN 的三层漫游

9.1 项目背景

小李所在项目组为一家企业部署了WLAN的二层漫游，现在企业提出了新的需求，为了区分部门分别进行管理，不同部门的员工在不同的子网，且子网间实现无线漫游。小李计划配置跨VLAN的三层漫游。

9.2 项目分析

在二层漫游中，多个AP连接在同一个VLAN内，无线用户在不同的AP间切换时，始终在一个VLAN子网内。而三层漫游是指无线用户在不同VLAN子网间漫游，无线用户漫游前后关联的AP不在同一VLAN内。虽然三层漫游前后无线用户所处的VLAN不同，但是漫游后无线用户的IP地址保持不变。

9.3 知识准备

1. 三层漫游

由于AP覆盖范围有限，往往在不同楼层会部署多台AP，同时AP在不同的VLAN内。此时，如果用户在无线网络的覆盖区域内从某一个楼层漫游到另外一个楼层，就会导致业务中断，严重影响用户体验。

在这样的背景下，跨VLAN漫游，即三层漫游应运而生，它使用户在不同VLAN间漫游时，依旧保持用户的VLAN为初始VLAN，从而保证用户在不同VLAN间漫游而业务不中断。同样的，作为漫游的基础条件，不同VLAN的AP广播出来的SSID必须是一样的才能进行漫游。三层漫游的过程如下：

（1）无线用户通过AP1（属于VLAN 100）申请同AC发生关联，AC判断该无线用户为首次接入用户，为其创建并保存相关的用户数据信息，以备将来漫游时使用。

（2）该无线用户从AP1覆盖区域向AP2（属于VLAN 200）覆盖区域移动；无线用户通过AP2重新同AC发生关联，AC通过用户数据信息判断该无线用户为漫游用户，更新用户数据库信息。

（3）无线用户断开同AP1的关联。尽管漫游前后不在同一个子网中，AC仍然把无线用户视为从原始子网（VLAN 100）连过来一样，允许无线用户保持其原有IP并支持已建立的IP通信。

2. 流量转发模型

CAPWAP隧道协议支持两种数据转发类型：数据报文本地转发与集中转发。本地转发又称直接转发，即用户报文没有经过CAPWAP隧道封装，而是直接转发到上层网络，从而提高报文的转发效率。集中转发又称隧道转发，即用户报文必须先经过CAPWAP隧道封装后上传给AC，然后再由AC转发到上层网络，从而提高报文的转发安全性。

根据转发类型及跨三层与否，可将WLAN漫游流量转发模型划分为四种：

（1）本地转发模式二层漫游。

（2）集中转发模式二层漫游。

（3）本地转发模式三层漫游。

（4）集中转发模式三层漫游。

漫游前：无线用户发送数据报文给HAP，HAP接收到无线用户发送的数据报文后通过用户网关发送给上层网络。

漫游后：无线用户发送数据报文给FAP，FAP接收到无线用户发送的数据报文后通过CAPWAP隧道转发给HAP。HAP接收到FAP转发的数据报文后通过HAP所在用户网关发送给上层网络，如图9-1所示。

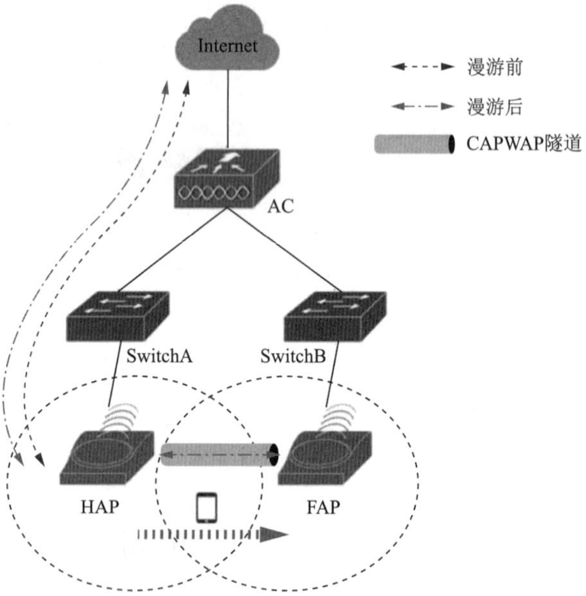

图9-1　AP间三层漫游

HAP（Home AP）：无线用户在某个AP首次上线时，该AP根据无线用户上线的信息选择一个AP作为HAP，然后将用户表项同步到选定的HAP，并将HAP的信息同步到邻居AP。

为了避免大量FAP都将数据报文转发给无线用户首次上线的AP，造成首次接入的AP负载过重，采用负载分担机制，选择与首次接入AP在同一个用户网关下的其中一个AP作为HAP，而不一定是首次接入AP自身。

FAP（Foreign AP）：一个无线用户漫游后关联的AP即为它的FAP。

9.4　项目拓扑

项目拓扑结构如图 9-2 所示。

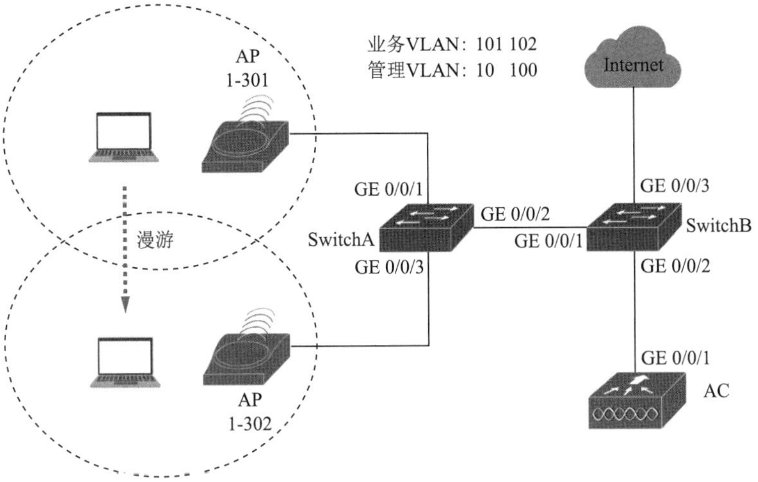

图 9-2　拓扑结构

9.5　项目规划

根据图 9-2 规划连接方式，规划详情见表 9-1～表 9-5。

表 9-1　设备规划

设备类型	设备型号	设备命名	系统版本
AP	AP8130DN	1-301	Version 5.160
AP	AP8130DN	1-302	Version 5.160
交换机	HUAWEI S5700	SwitchA	Version 5.110
交换机	HUAWEI S3700	SwitchB	Version 5.110
AC	HUAWEI AC6605	AC	Version 5.160

表 9-2　端口互联规划

设　备	本端端口	对端设备	对端端口
SwitchA	GE 0/0/1	1-301	GE 0/0/1
SwitchA	GE 0/0/2	SwitchB	GE 0/0/1
SwitchA	GE 0/0/3	1-302	GE 0/0/1
SwitchB	GE 0/0/1	SwitchA	GE 0/0/2
SwitchB	GE 0/0/2	AC	GE 0/0/1
AC	GE 0/0/1	SwitchB	GE 0/0/2

表 9-3　WLAN 规划

设　备	SSID	加密方式	密　钥
AC	fitap001	WPA-WPA2+PSK+AES	abc12345

表 9-4　IP 及端口规划

设　备	接　口	规　划	备　注
SwitchA	GE 0/0/1	Trunk	允许 VLAN 10 和 VLAN 100 通过
SwitchA	GE 0/0/2	Trunk	允许 VLAN 10、VLAN 101 和 VLAN 102 通过
SwitchA	GE 0/0/3	Trunk	允许 VLAN 10 和 VLAN 102 通过
SwitchB	GE 0/0/1	Trunk	允许 VLAN 10、VLAN 101 和 VLAN 102 通过
SwitchB	GE 0/0/2	Trunk	允许 VLAN 100 通过
SwitchB	VLAN 10 接口	10.23.10.1/24	本接口能提供 DHCP 中继功能
SwitchB	VLAN 101 接口	10.23.101.1/24	DHCP 接口地址池
SwitchB	VLAN 102 接口	10.23.102.1/24	DHCP 接口地址池
AC	GE 0/0/1	Trunk	允许 VLAN 100 通过
AC	VLAN 100 接口	10.23.100.1/24	—

表 9-5　DHCP 规划

地址池名称	类　型	地址范围	网　关
VLANIF 10	AP 所在的管理 VLAN	10.23.10.0/24	10.23.10.1
VLANIF 100	AC 所在的管理 VLAN	10.23.100.0/24	10.23.100.1
VLANIF 101	无线用户的业务 VLAN	10.23.101.0/24	10.23.101.1
VLANIF 102	无线用户的业务 VLAN	10.23.102.0/24	10.23.102.1

9.6 实施过程

步骤 1 配置交换机。

（1）配置接入交换机 SwitchA 的接口。

```
[SwitchA] vlan batch 10 101 102
[SwitchA] interface gigabitethernet 0/0/1
[SwitchA-GigabitEthernet0/0/1] port link-type trunk
[SwitchA-GigabitEthernet0/0/1] port trunk pvid vlan 10
[SwitchA-GigabitEthernet0/0/1] port trunk allow-pass vlan 10 101
[SwitchA-GigabitEthernet0/0/1] port-isolate enable
[SwitchA-GigabitEthernet0/0/1] quit
[SwitchA] interface gigabitethernet 0/0/2
[SwitchA-GigabitEthernet0/0/2] port link-type trunk
[SwitchA-GigabitEthernet0/0/2] port trunk allow-pass vlan 10 101 102
```

```
[SwitchA-GigabitEthernet0/0/2] quit
[SwitchA] interface gigabitethernet 0/0/3
[SwitchA-GigabitEthernet0/0/3] port link-type trunk
[SwitchA-GigabitEthernet0/0/3] port trunk pvid vlan 10
[SwitchA-GigabitEthernet0/0/3] port trunk allow-pass vlan 10 102
[SwitchA-GigabitEthernet0/0/3] port-isolate enable
[SwitchA-GigabitEthernet0/0/3] quit
```

（2）配置SwitchB的接口。

```
[SwitchB] vlan batch 10 100 101 102
[SwitchB] interface gigabitethernet 0/0/1
[SwitchB-GigabitEthernet0/0/1] port link-type trunk
[SwitchB-GigabitEthernet0/0/1] port trunk allow-pass vlan 10 101 102
[SwitchB-GigabitEthernet0/0/1] quit
[SwitchB] interface gigabitethernet 0/0/2
[SwitchB-GigabitEthernet0/0/2] port link-type trunk
[SwitchB-GigabitEthernet0/0/2] port trunk allow-pass vlan 100
[SwitchB-GigabitEthernet0/0/2] quit
[SwitchB] interface gigabitethernet 0/0/3
[SwitchB-GigabitEthernet0/0/3] port link-type trunk
[SwitchB-GigabitEthernet0/0/3] port trunk allow-pass vlan 101 102
[SwitchB-GigabitEthernet0/0/3] quit
[SwitchB] interface vlanif 100
[SwitchB-vlanif100] ip address 10.23.100.2 24
[SwitchB-vlanif100] quit
```

步骤2　配置AC与其他设备互通，配置AC的接口及静态路由。

```
[AC] vlan 100
[AC-vlan100] quit
[AC] interface vlanif 100
[AC-vlanif100] ip address 10.23.100.1 24
[AC-vlanif100] quit
[AC] interface gigabitEthernet 0/0/1
[AC-GigabitEthernet0/0/1] port link-type trunk
[AC-GigabitEthernet0/0/1] port trunk allow-pass vlan 100
[AC-GigabitEthernet0/0/1] quit
[AC] ip route-static 10.23.10.0 24 10.23.100.2
```

步骤3　配置DHCP。

（1）在AC上创建全局地址池为AP提供地址。

```
[AC] dhcp enable
[AC] ip pool huawei
[AC-ip-pool-huawei] network 10.23.10.0 mask 24
[AC-ip-pool-huawei] gateway-list 10.23.10.1
[AC-ip-pool-huawei] option 43 sub-option 3 ascii 10.23.100.1
                              ! Option 43属性中填入AC的IP地址，可以下发给AP
[AC-ip-pool-huawei] quit
[AC] interface vlanif 100
[AC-vlanif100] dhcp select global
[AC-vlanif100] quit
```

（2）在SwitchB上配置DHCP中继。

```
[SwitchB] dhcp enable
[SwitchB] interface vlanif 10
[SwitchB-vlanif10] ip address 10.23.10.1 24
[SwitchB-vlanif10] dhcp select relay        ! DHCP中继功能
[SwitchB-vlanif10] dhcp relay server-ip 10.23.100.1
[SwitchB-vlanif10] quit
```

（3）在SwitchB上创建VLANIF 101和VLANIF 102接口为无线用户提供地址。

```
[SwitchB] interface vlanif 101
[SwitchB-vlanif101] ip address 10.23.101.1 24
[SwitchB-vlanif101] dhcp select interface  ! 接口模式的DHCP
[SwitchB-vlanif101] quit
[SwitchB] interface vlanif 102
[SwitchB-vlanif102] ip address 10.23.102.1 24
[SwitchB-vlanif102] dhcp select interface  ! 接口模式的DHCP
[SwitchB-vlanif102] quit
```

步骤4 配置AP上线。

（1）创建AP组，用于将相同配置的AP都加入同一AP组中。

```
[AC] wlan
[AC-wlan-view] ap-group name test01
[AC-wlan-ap-group-test01] quit
[AC-wlan-view] ap-group name test02
[AC-wlan-ap-group-test02] quit
```

（2）创建域管理模板，在域管理模板下配置AC的国家码并在AP组下引用域管理模板。

```
[AC-wlan-view] regulatory-domain-profile name test
```

```
[AC-wlan-regulate-domain-test] country-code cn
[AC-wlan-regulate-domain-test] quit
[AC-wlan-view] ap-group name test01
[AC-wlan-ap-group-test01] regulatory-domain-profile test
Warning: Modifying the country code will clear channel, power and antenna gain configurations of the radio and reset the AP. Continue?[Y/N]:y
[AC-wlan-ap-group-test01] quit
[AC-wlan-view] ap-group name test02
[AC-wlan-ap-group-test02] regulatory-domain-profile test
Warning: Modifying the country code will clear channel, power and antenna gain configurations of the radio and reset the AP. Continue?[Y/N]:y
[AC-wlan-ap-group-test02] quit
[AC-wlan-view] quit
```

（3）配置AC源接口。

```
[AC] capwap source interface vlanif 100
```

（4）在AC上离线导入AP，并将1-301和1-302分别加入AP组的test01和test02中。假设AP的MAC地址为0c20-a4b3-f3d0，并且根据AP的部署位置为AP配置名称，便于从名称上就能够了解AP的部署位置。

```
[AC-wlan-view] ap-id 0 ap-mac 0c20-a4b3-f3d0
[AC-wlan-ap-0] ap-name 1-301
Warning: This operation may cause AP reset. Continue? [Y/N]:y
[AC-wlan-ap-0] ap-group test01
Warning: This operation may cause AP reset. If the country code changes, it will clear channel, power and antenna gain configurations of the radio, Whether to continue? [Y/N]:y
[AC-wlan-ap-0] quit
[AC-wlan-view] ap-id 1 ap-mac 0c20-a5c3-e2a8
[AC-wlan-ap-1] ap-name 1-302
Warning: This operation may cause AP reset. Continue? [Y/N]:y
[AC-wlan-ap-1] ap-group test02
Warning: This operation may cause AP reset. If the country code changes, it will clear channel, power and antenna gain configurations of the radio, Whether to continue? [Y/N]:y
[AC-wlan-ap-1] quit
```

将AP上电后，当执行命令display ap all查看到AP的“State”字段为“nor”时，表示AP正常上线。

```
[AC-wlan-view] display ap all
```

```
Total AP information:
nor  : normal           [2]
Extra information:
P  : insufficient power supply
--------------------------------------------------------------------------
ID  MAC            Name  Group  IP            Type     State STA Uptime
--------------------------------------------------------------------------
0   0c20-a4b3-f3d0 1-301 test01 10.23.10.254 AP5030DN nor   0   15S
1   0c20-a5c3-e2a8 1-302 test02 10.23.10.253 AP5030DN nor   0   10S
--------------------------------------------------------------------------
Total: 2
```

步骤5 配置WLAN业务参数。

（1）创建名为test的安全模板，并配置安全策略。

```
[AC-wlan-view] security-profile name test
[AC-wlan-sec-prof-test] security wpa-wpa2 psk pass-phrase abc12345 aes
[AC-wlan-sec-prof-test] quit
[AC-wlan-view] ssid-profile name test
[AC-wlan-ssid-prof-test] ssid fitap001
[AC-wlan-ssid-prof-test] quit
```

（2）创建名为test01和test02的VAP模板，配置业务数据转发模式、业务VLAN，并且引用安全模板和SSID模板。

```
[AC-wlan-view] vap-profile name test01
[AC-wlan-vap-prof-test01] forward-mode direct-forward    ！转发模式为直接转发
[AC-wlan-vap-prof-test01] service-vlan vlan-id 101
[AC-wlan-vap-prof-test01] security-profile test          ！引入安全模版
[AC-wlan-vap-prof-test01] ssid-profile test              ！引入SSID模版
[AC-wlan-vap-prof-test01] quit
[AC-wlan-view] vap-profile name test02
[AC-wlan-vap-prof-test02] forward-mode direct-forward    ！转发模式为直接转发
[AC-wlan-vap-prof-test02] service-vlan vlan-id 102
[AC-wlan-vap-prof-test02] security-profile test          ！引入安全模版
[AC-wlan-vap-prof-test02] ssid-profile test              ！引入SSID模版
[AC-wlan-vap-prof-test02] quit
```

（3）配置AP组引用VAP模板，1-301上射频0和射频1都使用VAP模板test01的配置，1-302上射频0和射频1都使用VAP模板test02的配置。

```
[AC-wlan-view] ap-group name test01
[AC-wlan-ap-group-test01] vap-profile test01 wlan 1 radio 0
```

```
[AC-wlan-ap-group-test01] vap-profile test01 wlan 1 radio 1
[AC-wlan-ap-group-test01] quit
[AC-wlan-view] ap-group name test02
[AC-wlan-ap-group-test02] vap-profile test02 wlan 1 radio 0
[AC-wlan-ap-group-test02] vap-profile test02 wlan 1 radio 1
[AC-wlan-ap-group-test02] quit
```

（4）开启AP组test01的射频调优功能自动选择AP最佳信道和功率。

```
[AC-wlan-view] ap-group name test01
[AC-wlan-ap-group-test01] radio 0
[AC-wlan-group-radio-test01/0] undo calibrate auto-channel-select disable
                              ！部分版本不支持此命令
[AC-wlan-group-radio-test01/0] undo calibrate auto-txpower-select disable
[AC-wlan-group-radio-test01/0] quit
[AC-wlan-ap-group-test01] radio 1
[AC-wlan-group-radio-test01/1] undo calibrate auto-channel-select disable
                              ！部分版本不支持此命令
[AC-wlan-group-radio-test01/1] undo calibrate auto-txpower-select disable
[AC-wlan-group-radio-test01/1] quit
```

（5）开启AP组“test02”的射频调优功能自动选择AP最佳信道和功率。

```
[AC-wlan-view] ap-group name test02
[AC-wlan-ap-group-test02] radio 0
[AC-wlan-group-radio-test02/0] undo calibrate auto-channel-select disable
                              ！部分版本不支持此命令
[AC-wlan-group-radio-test02/0] undo calibrate auto-txpower-select disable
[AC-wlan-group-radio-test02/0] quit
[AC-wlan-ap-group-test02] radio 1
[AC-wlan-group-radio-test02/1] undo calibrate auto-channel-select disable
                              ！部分版本不支持此命令
[AC-wlan-group-radio-test02/1] undo calibrate auto-txpower-select disable
[AC-wlan-group-radio-test02/1] quit
```

（6）在域管理模板下配置调优信道集合。

```
[AC-wlan-view] regulatory-domain-profile name test
[AC-wlan-regulate-domain-test] dca-channel 2.4g channel-set 1,6,11
                              ！信道选择1、6和11
[AC-wlan-regulate-domain-test] dca-channel 5g bandwidth 20mhz
[AC-wlan-regulate-domain-test] dca-channel 5g channel-set 149,153,157,161
                              ！信道选择149、153、157和161
[AC-wlan-regulate-domain-test] quit
```

（7）创建空口扫描模板wlan-airscan，并配置调优信道集合、扫描间隔时间和扫描持续时间。

```
[AC-wlan-view] air-scan-profile name wlan-airscan
[AC-wlan-air-scan-prof-wlan-airscan] scan-channel-set dca-channel
[AC-wlan-air-scan-prof-wlan-airscan] scan-period 60      ! 扫描持续时间
[AC-wlan-air-scan-prof-wlan-airscan] scan-interval 60000 ! 扫描间隔时间
[AC-wlan-air-scan-prof-wlan-airscan] quit
```

（8）创建2G射频模板wlan-radio2g，并在该模板下引入空口扫描模板wlan-airscan。创建5G射频模板wlan-radio5g，并在该模板下引入空口扫描模板wlan-airscan。

```
[AC-wlan-view] radio-2g-profile name wlan-radio2g
[AC-wlan-radio-2g-prof-wlan-radio2g] air-scan-profile wlan-airscan
                                          ! 引入空口扫描模板
[AC-wlan-radio-2g-prof-wlan-radio2g] quit
[AC-wlan-view] radio-5g-profile name wlan-radio5g
[AC-wlan-radio-5g-prof-wlan-radio5g] air-scan-profile wlan-airscan
                                          ! 引入空口扫描模板
[AC-wlan-radio-5g-prof-wlan-radio5g] quit
```

（9）在名为test01和test02的AP组下引用5G射频模板wlan-radio5g和2G射频模板wlan-radio2g。

```
[AC-wlan-view] ap-group name test01
[AC-wlan-ap-group-test01] radio-5g-profile wlan-radio5g radio 1
Warning: This action may cause service interruption. Continue?[Y/N]y
[AC-wlan-ap-group-test01] radio-2g-profile wlan-radio2g radio 0
Warning: This action may cause service interruption. Continue?[Y/N]y
[AC-wlan-ap-group-test01] quit
[AC-wlan-view] ap-group name test02
[AC-wlan-ap-group-test02] radio-5g-profile wlan-radio5g radio 1
Warning: This action may cause service interruption. Continue?[Y/N]y
[AC-wlan-ap-group-test02] radio-2g-profile wlan-radio2g radio 0
Warning: This action may cause service interruption. Continue?[Y/N]y
[AC-wlan-ap-group-test02] quit
```

（10）配置射频调优模式为手动调优，并手动触发射频调优。待执行手动调优一小时后，调优结束。将射频调优模式改为定时调优，并将调优时间定为用户业务空闲时段（如当地时间凌晨00:00～06:00时段）。

```
[AC-wlan-view] calibrate enable manual
[AC-wlan-view] calibrate manual startup
```

```
[AC-wlan-view] calibrate enable schedule time 03:00:00
```

9.7 项目验证

配置完成后，执行命令display vap ssid fitap001查看VAP信息，当“Status”显示为“ON”时，表示AP对应射频上的VAP已创建成功。

```
[AC-wlan-view] display vap ssid fitap001
Info: This operation may take a few seconds, please wait.
WID : WLAN ID
---------------------------------------------------------------------------
AP-ID AP-Name RfID WID BSSID          Status Auth type     STA  SSID
---------------------------------------------------------------------------
0     1-301   0    1   60DE-4476-E360 ON     WPA/WPA2-PSK  0    FITAP001
0     1-301   1    1   60DE-4476-E370 ON     WPA/WPA2-PSK  0    FITAP001
1     1-302   0    1   60DE-4474-9640 ON     WPA/WPA2-PSK  0    FITAP001
1     1-302   1    1   60DE-4474-9650 ON     WPA/WPA2-PSK  0    FITAP001
---------------------------------------------------------------------------
Total: 4
```

无线用户搜索到名为fitap001的无线网络，输入密码abc12345并正常关联后，在AC上执行display station ssid fitap001命令，可以查看到用户已经接入到无线网络中。

```
[AC-wlan-view] display station ssid fitap001
Rf/WLAN: Radio ID/WLAN ID
Rx/Tx: link receive rate/link transmit rate(Mbps)
---------------------------------------------------------------------------
STA MAC         AP-ID  Ap-Name  Rf/WLAN  Band  vlan  IP address
---------------------------------------------------------------------------
e019-1dc7-1e08  0      1-301    1/1      5G    101   10.23.101.254
---------------------------------------------------------------------------
Total: 1 2.4G: 0 5G: 1
```

当无线用户从AP1的覆盖范围移动到AP2的覆盖范围时，在AC上执行命令display station ssid fitap001，查看无线用户的接入信息，可以看到无线用户关联到了AP2。

```
[AC-wlan-view] display station ssid fitap001
Rf/WLAN: Radio ID/WLAN ID
Rx/Tx: link receive rate/link transmit rate(Mbps)
---------------------------------------------------------------------------
```

```
STA MAC          AP-ID   Ap-Name    Rf/WLAN   Band   vlan   IP address
----------------------------------------------------------------------
e019-1dc7-1e08   1       1-302      1/1       5G     101    10.23.101.254
----------------------------------------------------------------------
Total: 1 2.4G: 0 5G: 1
```

拓 展 练 习

一、知识检测

（1）用户能够实现三层漫游的前提条件包括（　　）。（多选题）

A. 用户漫游切换的两个AP必须具有相同的SSID

B. 用户漫游切换的两个AP必须具有相同的VLAN

C. 用户漫游要求两个AP信号覆盖有重叠区域

D. 用户漫游切换的两个AP释放的SSID必须要有相同的认证方式

（2）关于漫游的描述，以下说法错误的是（　　）。

A. 漫游时和新AP关联无线用户发送的是重关联请求，并且包含原有关联AP的信息

B. 漫游前后两个AP的工作信道可以不同

C. 漫游前后两个AP的工作信道必须一致

D. 漫游时和新AP关联无线用户发送的是关联请求，并且包含原有关联AP的信息

（3）以下关于无线漫游的说法中，错误的是（　　）。

A. 漫游是由AP发起的

B. 漫游分为二层漫游和三层漫游

C. 三层漫游必须在同一个SSID

D. 客户端在AP间漫游，AP可以处于不同的VLAN

（4）关于漫游，说法正确的是（　　）。

A. 漫游是指客户端可以在属于同一个ESS的任意一个AP接入点接入，在此无线网络中任意移动，且保证已有的业务不中断

B. 一般FAT AP系列产品是不支持三层漫游功能的

C. 漫游过程中，客户端的IP地址可以改变

D. 漫游分为二层漫游和三层漫游，所谓三层漫游是在不同子网内的AP间漫游

（5）关于漫游的描述，以下说法正确的是（　　）。

A. 实现无线漫游的AP必须处在同一个基本服务集（BSS）

B. 实现无线漫游的AP必须处在同一个扩展服务集（ESS）

C. 实现无线漫游的AP必须有信号覆盖交叠区

D. 实现无线漫游的AP不需要有信号覆盖交叠区

二、能力检测

1. 项目背景与分析

已具备无线局域网，且无线部署采用AC直连三层组网的架构。需要在原有无线网络基础上，部署跨VLAN无线漫游功能。

2. 项目拓扑（见图 9-3）

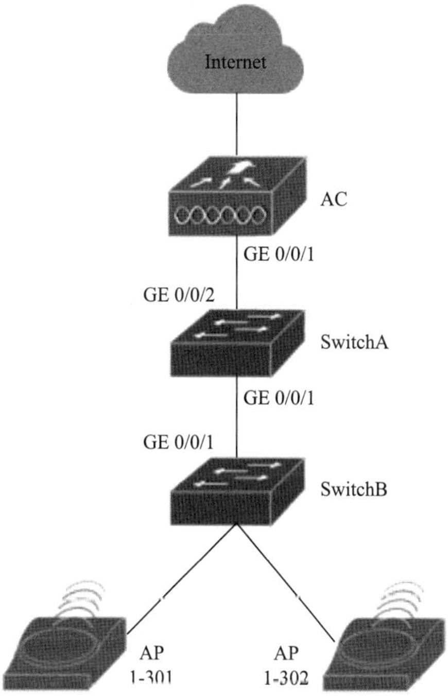

图 9-3　拓扑结构

3. 项目规划

根据以上拓扑结构图规划连接方式，填写规划表9-6～表9-10。

表 9-6　设备规划

设备类型	设备型号	设备命名	系统版本

表 9-7　端口互联规划

设　备	本端端口	对端设备	对端端口

表 9-8　WLAN 规划

设　　备	SSID	加密方式	密　　钥

表 9-9　IP 及端口规划

设　　备	接　　口	规　　划	备　　注

表 9-10　DHCP 规划

地址池名称	地址范围	网　　关

4．实践结果提交

完成实践内容后，将自己制作的拓扑结构图、设备规划表、端口互联规划表、WLAN规划表、IP及端口规划表、DHCP规划表，以及过程截图提交给老师。

实践项目 10

跨 AC 的二层漫游

10.1 项目背景

小李所在项目组为一个规模较大的园区升级无线网络，原有无线网络部分配备了两个AC，但不同AC管辖下的AP之间没有实现漫游功能，为了实现不同AC间的漫游，小李计划部署跨AC的二层漫游。

10.2 项目分析

对于多AC的场景，如AC间漫游、无线配置同步等，AC设备是通过AC间隧道进行数据同步和报文转发，配置AC间隧道DTLS加密后，AC通过发现机制获取其他AC的IP地址后，进入DTLS协商阶段，即AC根据此IP地址与其他AC协商建立AC间隧道，这个过程中AC间隧道采用DTLS来加密传输UDP报文，提高报文传输的安全性。

无线用户需要在同一个漫游组内的AC间进行漫游，为了方便用户管理漫游组成员，需要选定一个AC作为漫游组服务器，在该AC上进行漫游组成员的配置和维护，同时需要在漫游组成员AC上指定漫游组服务器，然后漫游组服务器将漫游组配置信息下发到各成员AC，使漫游组内的各AC间相互识别并建立AC间隧道。

10.3 知识准备

1. AC 间漫游过程

AC间漫游的网络架构如图10-1所示。WLAN网络通过HAC和FAC两个AC对AP进行管理，其中HAP与HAC进行关联，FAP与FAC进行关联。现无线用户在WLAN网络中进行漫游，漫游过程中与不同的AP进行关联，漫游过程如下：

无线用户从HAP覆盖范围漫游到FAP覆盖范围的过程中，因为HAP和FAP分别与HAC和FAC关联，漫游需要跨越不同的AC，所以此次漫游为AC间漫游。AC间漫游的前提是HAC和FAC分配到同一个漫游组内，只有同一个漫游组内的AC间才能进行漫游，漫游组内的AC可以通过AC间隧道进行数据同步和报文转发。

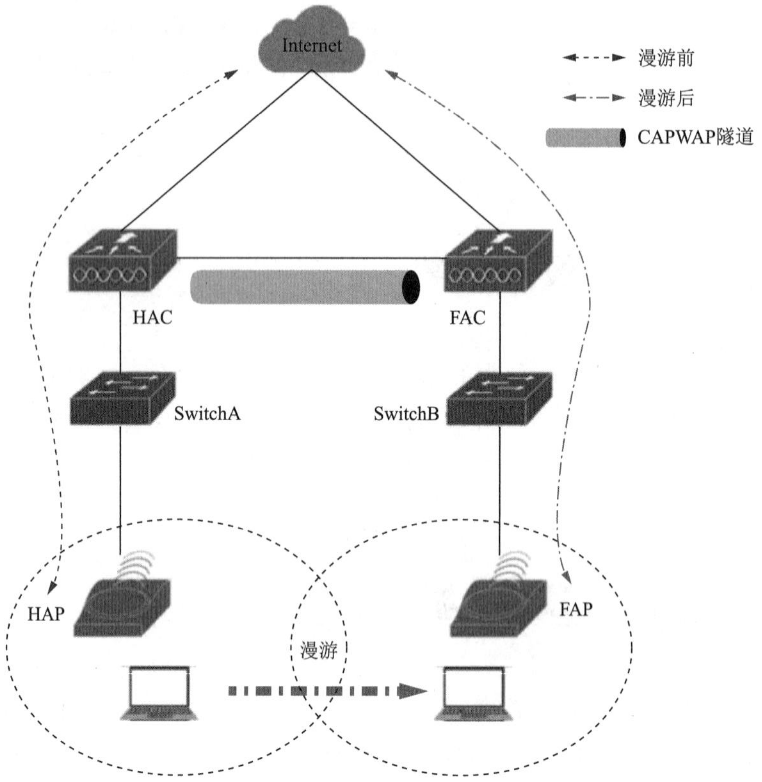

图 10-1　AC 间二层漫游

AC间漫游：如果漫游过程中关联的不是同一个AC，就是AC间漫游（见图10-1），无线用户在从HAP漫游到FAP的过程即为AC间漫游。

2．漫游组

在WLAN网络中，可以对不同的AC进行分组，无线用户可以在同一个组的AC间进行漫游，这个组就叫漫游组。

3．AC 间隧道

为了支持AC间漫游，漫游组内的所有AC需要同步每个AC管理的无线用户和AP设备的信息，因此在AC间建立一条隧道作为数据同步和报文转发的通道。AC间隧道也是利用CAPWAP隧道协议创建的。HAC和FAC间建立AC间隧道进行数据同步和报文转发。

4．HAC（Home AC）

一个无线终端首次与某个AC进行关联，该AC即为它的HAC。

5．FAC（Foreign AC）

一个无线终端漫游后关联的AC即为它的FAC。

漫游前，无线用户发送业务报文给HAP；HAP接收到STA发送的业务报文并发送给HAC；HAC再直接将业务报文发送给上层网络。

漫游后，无线用户发送业务报文给FAP；FAP接收到无线用户发送的业务报文并发送给FAC；FAC再直接将业务报文发送给上层网络。

10.4 项目拓扑

项目拓扑结构如图10-2所示。

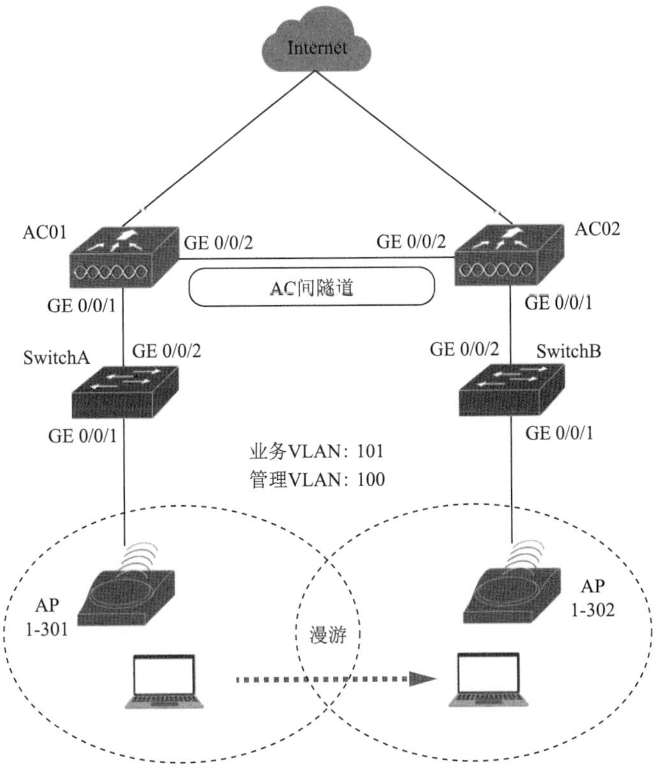

图 10-2　拓扑结构

10.5 项目规划

根据图 10-2 规划连接方式，规划详情见表 10-1～表 10-5。

表 10-1　设备规划

设备类型	设备型号	设备命名	系统版本
AP	AP8130DN	1-301	Version 5.160
AP	AP8130DN	1-302	Version 5.160
交换机	HUAWEI S5700	SwitchA	Version 5.110
交换机	HUAWEI S3700	SwitchB	Version 5.110
AC	HUAWEI AC6605	AC01	Version 5.160
AC	HUAWEI AC6605	AC02	Version 5.160

表 10-2　端口互联规划

设　备	本端端口	对端设备	对端端口
SwitchA	GE 0/0/1	AP	GE 0/0/1
SwitchA	GE 0/0/2	AC01	GE 0/0/1
SwitchB	GE 0/0/1	AP	GE 0/0/1
SwitchB	GE 0/0/2	AC02	GE 0/0/1
AC01	GE 0/0/2	AC02	GE 0/0/2

表 10-3　WLAN 规划

设　备	SSID	加密方式	密　钥
AC	fitap001	WPA-WPA2+PSK+AES	abc12345

表 10-4　IP 及端口规划

设　备	接　口	规　划	备　注
SwitchA	GE 0/0/1	Trunk	允许 VLAN 100 通过
SwitchA	GE 0/0/2	Trunk	允许 VLAN 100 通过
SwitchB	GE 0/0/1	Trunk	允许 VLAN 100 通过
SwitchB	GE 0/0/2	Trunk	允许 VLAN 101 通过
AC01	GE 0/0/1	Trunk	允许 VLAN 100 通过
AC01	GE 0/0/2	Trunk	允许 VLAN 100 和 VLAN 101 通过
AC02	GE 0/0/1	Trunk	允许 VLAN 100 通过
AC02	GE 0/0/2	Trunk	允许 VLAN 100 和 VLAN 101 通过

表 10-5　DHCP 规划

地址池名称	类　型	地址范围
VLANIF 10	AP 所在的管理 VLAN	10.23.10.0/24
VLANIF 100	AC 所在的管理 VLAN	10.23.100.0/24
VLANIF 101	无线用户的业务 VLAN	10.23.101.0/24
VLANIF 102	无线用户的业务 VLAN	10.23.102.0/24

10.6 实施过程

步骤1 配置交换机。

（1）配置接入交换机SwitchA的接口。

```
[SwitchA] vlan batch 100
[SwitchA] interface gigabitethernet 0/0/1
[SwitchA-GigabitEthernet0/0/1] port link-type trunk
[SwitchA-GigabitEthernet0/0/1] port trunk pvid vlan 100
[SwitchA-GigabitEthernet0/0/1] port trunk allow-pass vlan 100
[SwitchA-GigabitEthernet0/0/1] quit
[SwitchA] interface gigabitethernet 0/0/2
[SwitchA-GigabitEthernet0/0/2] port link-type trunk
[SwitchA-GigabitEthernet0/0/2] port trunk allow-pass vlan 100
[SwitchA-GigabitEthernet0/0/2] quit
```

（2）配置SwitchB的接口。

```
[SwitchB] vlan batch 100
[SwitchB] interface gigabitethernet 0/0/1
[SwitchB-GigabitEthernet0/0/1] port link-type trunk
[SwitchB-GigabitEthernet0/0/1] port trunk pvid vlan 100
[SwitchB-GigabitEthernet0/0/1] port trunk allow-pass vlan 100
[SwitchB-GigabitEthernet0/0/1] quit
[SwitchB] interface gigabitethernet 0/0/2
[SwitchB-GigabitEthernet0/0/2] port link-type trunk
[SwitchB-GigabitEthernet0/0/2] port trunk allow-pass vlan 100
[SwitchB-GigabitEthernet0/0/2] quit
```

步骤2 配置AC与其他设备互通。

（1）配置AC01的接口GE 0/0/1加入VLAN 100，AC01的接口GE 0/0/2加入VLAN 100和VLAN 101。

```
[AC01] vlan batch 100 101
[AC01] interface gigabitethernet 0/0/1
[AC01-GigabitEthernet0/0/1] port link-type trunk
[AC01-GigabitEthernet0/0/1] port trunk allow-pass vlan 100
[AC01-GigabitEthernet0/0/1] quit
[AC01] interface gigabitethernet 0/0/2
[AC01-GigabitEthernet0/0/2] port link-type trunk
[AC01-GigabitEthernet0/0/2] port trunk allow-pass vlan 100 101
```

```
[AC01-GigabitEthernet0/0/2] quit
[AC01] interface vlanif 100
[AC01-vlanif100] ip address 10.23.100.1 255.255.255.0
[AC01-vlanif100] quit
[AC01] interface vlanif 101
[AC01-vlanif101] ip address 10.23.101.1 255.255.255.0
[AC01-vlanif101] quit
```

（2）配置AC02的接口GE 0/0/1加入VLAN 100，AC02的接口GE 0/0/2加入VLAN 100和VLAN 101。

```
[AC02] vlan batch 100 101
[AC02] interface gigabitethernet 0/0/1
[AC02-GigabitEthernet0/0/1] port link-type trunk
[AC02-GigabitEthernet0/0/1] port trunk allow-pass vlan 100
[AC02-GigabitEthernet0/0/1] quit
[AC02] interface gigabitethernet 0/0/2
[AC02-GigabitEthernet0/0/2] port link-type trunk
[AC02-GigabitEthernet0/0/2] port trunk allow-pass vlan 100 101
[AC02-GigabitEthernet0/0/2] quit
[AC02] interface vlanif 100
[AC02-vlanif100] ip address 10.23.100.2 255.255.255.0
[AC02-vlanif100] quit
[AC02] interface vlanif 101
[AC02-vlanif101] ip address 10.23.101.2 255.255.255.0
[AC02-vlanif101] quit
```

步骤3 配置DHCP。

在AC01上配置VLANIF 100接口为AP提供IP地址，VLANIF 101接口为无线用户提供IP地址。

```
[AC01] dhcp enable
[AC01] interface vlanif 100
[AC01-vlanif100] dhcp select interface
[AC01-vlanif100] dhcp server excluded-ip-address 10.23.100.2
[AC01-vlanif100] quit
[AC01] interface vlanif 101
[AC01-vlanif101] dhcp select interface
[AC01-vlanif101] dhcp server excluded-ip-address 10.23.100.2
[AC01-vlanif101] quit
```

步骤4 在AC01上配置AP上线。

（1）创建AP组，用于将相同配置的AP都加入同一AP组中。

```
[AC01] wlan
[AC01-wlan-view] ap-group name test
[AC01-wlan-ap-group-test] quit
```

（2）创建域管理模板，在域管理模板下配置AC的国家码并在AP组下引用域管理模板。

```
[AC01-wlan-view] regulatory-domain-profile name test
[AC01-wlan-regulate-domain-test] country-code cn
[AC01-wlan-regulate-domain-test] quit
[AC01-wlan-view] ap-group name test
[AC01-wlan-ap-group-test]regulatory-domain-profile test
Warning: Modifying the country code will clear channel, power and antenna
gain configurations of the radio and reset the AP. Continue?[Y/N]:y
[AC01-wlan-ap-group-test] quit
[AC01-wlan-view] quit
```

（3）配置AC源接口。

```
[AC01] capwap source interface vlanif 100
```

（4）在AC上离线导入AP，并将AP加入AP组test中。假设AP的MAC地址为0c20-a4b3-f3d0，并且根据AP的部署位置为AP配置名称，便于从名称上就能够了解AP的部署位置。

```
[AC01] wlan
[AC01-wlan-view] ap auth-mode mac-auth
[AC01-wlan-view] ap-id 0 ap-mac 0c20-a4b3-f3d0
[AC01-wlan-ap-0] ap-name 1-301
Warning: This operation may cause AP reset. Continue? [Y/N]:y
[AC01-wlan-ap-0] ap-group test
Warning: This operation may cause AP reset. If the country code changes,
it will clear channel, power and antenna gain configurations of the radio,
Whether to continue? [Y/N]:y
[AC01-wlan-ap-0] quit
```

将AP上电后，当执行命令display ap all查看到AP的“State”字段为“nor”时，表示AP正常上线。

```
[AC01-wlan-view] display ap all
Total AP information:
nor   : normal            [1]
Extra information:
```

```
P  : insufficient power supply
------------------------------------------------------------------------
ID MAC            Name  Group IP              Type       State STA Uptime
------------------------------------------------------------------------
0  0c20-a4b3-f3d0 1-301 test  10.23.100.254  AP5030DN   nor   0   10S
------------------------------------------------------------------------
Total: 1
```

步骤5 配置AC01上的WLAN业务参数。

（1）创建名为test的安全模板，并配置安全策略。

```
[AC01-wlan-view] security-profile name test
[AC01-wlan-sec-prof-test] security wpa-wpa2 psk pass-phrase abc12345 aes
[AC01-wlan-sec-prof-test] quit
```

（2）创建VAP模板，配置业务数据转发模式、业务VLAN，并且引用安全模板和SSID模板。

```
[AC01-wlan-view] ssid-profile name test
[AC01-wlan-ssid-prof-test] ssid fitap001
[AC01-wlan-ssid-prof-test] quit
[AC01-wlan-view] vap-profile name test
[AC01-wlan-vap-prof-test] forward-mode tunnel
[AC01-wlan-vap-prof-test] service-vlan vlan-id 101
[AC01-wlan-vap-prof-test] security-profile test
[AC01-wlan-vap-prof-test] ssid-profile test
[AC01-wlan-vap-prof-test] quit
```

（3）配置AP组引用VAP模板。

```
[AC01-wlan-view] ap-group name test
[AC01-wlan-ap-group-test] vap-profile test wlan 1 radio 0
[AC01-wlan-ap-group-test] vap-profile test wlan 1 radio 1
[AC01-wlan-ap-group-test] quit
```

（4）开启AP的射频调优功能自动选择AP最佳信道和功率。

```
[AC-wlan-view] ap-group name test
[AC-wlan-ap-group-test] radio 0
[AC-wlan-group-radio-test/0]undo calibrate auto-channel-select disable
                                          ！部分版本不支持此命令
[AC-wlan-group-radio-test/0] undo calibrate auto-txpower-select disable
```

```
[AC-wlan-group-radio-test/0] quit
[AC-wlan-ap-group-test] radio 1
[AC-wlan-group-radio-test/1] undo calibrate auto-channel-select disable
                                                        ! 部分版本不支持此命令
[AC-wlan-group-radio-test/1] undo calibrate auto-txpower-select disable
[AC-wlan-group-radio-test/1] quit
[AC-wlan-group-radio-test] quit
```

（5）在域管理模板下配置调优信道集合。

```
[AC-wlan-view] regulatory-domain-profile name test
[AC-wlan-regulate-domain-test] dca-channel 2.4g channel-set 1,6,11
[AC-wlan-regulate-domain-test] dca-channel 5g bandwidth 20mhz
[AC-wlan-regulate-domain-test] dca-channel 5g channel-set 149,153,157,161
[AC-wlan-regulate-domain-test] quit
```

（6）创建空口扫描模板 wlan-airscan，并配置调优信道集合、扫描间隔时间和扫描持续时间。

```
[AC-wlan-view] air-scan-profile name wlan-airscan
[AC-wlan-air-scan-prof-wlan-airscan] scan-channel-set dca-channel
[AC-wlan-air-scan-prof-wlan-airscan] scan-period 60      ! 扫描持续时间
[AC-wlan-air-scan-prof-wlan-airscan] scan-interval 60000 ! 扫描间隔时间
[AC-wlan-air-scan-prof-wlan-airscan] quit
```

（7）创建 2G 射频模板 wlan-radio2g，并在该模板下引入空口扫描模板 wlan-airscan。创建 5G 射频模板 wlan-radio5g，并在该模板下引入空口扫描模板 wlan-airscan。

```
[AC-wlan-view] radio-2g-profile name wlan-radio2g
[AC-wlan-radio-2g-prof-wlan-radio2g] air-scan-profile wlan-airscan
[AC-wlan-radio-2g-prof-wlan-radio2g] quit
[AC-wlan-view] radio-5g-profile name wlan-radio5g
[AC-wlan-radio-5g-prof-wlan-radio5g] air-scan-profile wlan-airscan
[AC-wlan-radio-5g-prof-wlan-radio5g] quit
```

（8）在名为 test 的 AP 组下引用 5G 射频模板 wlan-radio5g 和 2G 射频模板 wlan-radio2g。

```
[AC-wlan-view] ap-group name test
[AC-wlan-ap-group-test] radio-5g-profile wlan-radio5g radio 1
[AC-wlan-ap-group-test] radio-2g-profile wlan-radio2g radio 0
[AC-wlan-ap-group-test] quit
```

（9）配置射频调优模式为手动调优，并手动触发射频调优。待执行手动调优一小时后，调优结束。将射频调优模式改为定时调优，并将调优时间定为用户业务空闲时段（如当地时间凌晨00:00～06:00时段）。

```
[AC-wlan-view] calibrate enable manual
[AC-wlan-view] calibrate manual startup
[AC-wlan-view] calibrate enable schedule time 03:00:00
```

步骤6　参照AC01上的配置，配置AC02上的AP上线、WLAN业务参数和射频参数，其中AP的名称为1-302，MAC地址也根据实际情况配置，其他配置都相同，此处不再赘述。

步骤7　配置AC02的WLAN漫游功能。

创建漫游组，并配置AC01和AC02为漫游组成员。

```
[AC01-wlan-view] mobility-group name mobility
[AC01-mc-mg-mobility] member ip-address 10.23.100.1
[AC01-mc-mg-mobility] member ip-address 10.23.100.2
[AC01-mc-mg-mobility] quit
[AC02-wlan-view] mobility-group name mobility
[AC02-mc-mg-mobility] member ip-address 10.23.100.1
[AC02-mc-mg-mobility] member ip-address 10.23.100.2
[AC02-mc-mg-mobility] quit
```

10.7　项目验证

WLAN业务配置会自动下发给AP，配置完成后，分别在AC01和AC02上执行命令display vap ssid fitap001查看VAP信息，当"Status"显示为"ON"时，表示AP对应射频上的VAP已创建成功。

```
[AC01-wlan-view] display vap ssid fitap001
WID : WLAN ID
------------------------------------------------------------------------
AP-ID AP-name  RfID WID  BSSID          Status  Auth type     STA  SSID
------------------------------------------------------------------------
0     1-301    0    1    60DE-4476-E360 ON      WPA/WPA2-PSK 0    fitap001
0     1-301    1    1    60DE-4476-E370 ON      WPA/WPA2-PSK 0    fitap001
------------------------------------------------------------------------
Total: 2
```

```
[AC02-wlan-view] display vap ssid fitap001
WID : WLAN ID
--------------------------------------------------------------------------
AP-ID AP-name  RfID WID  BSSID          Status  Auth type     STA SSID
--------------------------------------------------------------------------
0     1-302    0    1    60DE-4476-E500 ON      WPA/WPA2-PSK 0   fitap001
0     1-302    1    1    60DE-4476-E510 ON      WPA/WPA2-PSK 0   fitap001
--------------------------------------------------------------------------
Total: 2
```

在AC01上执行命令display mobility-group name mobility查看漫游组成员AC01和AC02的状态，当“State”显示为“normal”时，表示AC01和AC02正常。

```
[AC01-wlan-view] display mobility-group name mobility
--------------------------------------------------------------------------
State          IP address                          Description
normal         10.23.100.1                         -
normal         10.23.100.2                         -
--------------------------------------------------------------------------
Total: 2
```

无线用户在AP 1-301的覆盖范围内搜索到SSID为“fitap001”的无线网络，输入密码“abc12345”并正常关联后，在AC01上执行命令display station ssid fitap001，查看无线用户的接入信息，可以看到无线用户关联到了AP 1-301。

```
[AC01-wlan-view] display station ssid fitap001
Rf/WLAN: Radio ID/WLAN ID
Rx/Tx: link receive rate/link transmit rate(Mbps)
--------------------------------------------------------------------------
STA MAC          AP-ID  Ap-name  Rf/WLAN  Band  Type  vlan  IP address
--------------------------------------------------------------------------
e019-1dc7-1e08   0      1-301    1/1      5G    11n   101   10.23.101.254
--------------------------------------------------------------------------
Total: 1 2.4G: 0 5G: 1
```

当无线用户从AP 1-301的覆盖范围移动到AP 1-302的覆盖范围时，在AC02上执行命令display station ssid fitap001，查看无线用户的接入信息，可以看到无线用户关联到了AP 1-302上。

```
[AC02-wlan-view] display station ssid fitap001
Rf/WLAN: Radio ID/WLAN ID
Rx/Tx: link receive rate/link transmit rate(Mbps)
--------------------------------------------------------------------------
```

```
STA MAC          AP-ID  Ap-name  Rf/WLAN  Band  Type  vlan  IP address
------------------------------------------------------------------------
e019-1dc7-1e08   1      1-302    1/1      5G    11n   101   10.23.101.254
------------------------------------------------------------------------
Total: 1 2.4G: 0 5G: 1
```

在AC02上执行命令display station roam-track sta-mac e019-1dc7-1e08，可以查看该无线用户的漫游轨迹。

```
[AC02-wlan-view] display station roam-track sta-mac e019-1dc7-1e08
Access SSID:fitap001
Rx/Tx: link receive rate/link transmit rate(Mbps)
c:PMK Cache Roam r:802.11r Roam s:Same Frequency Network
------------------------------------------------------------------------
L2/L3            AC IP                  AP name            Radio ID
BSSID            TIME                   In/Out RSSI        Out Rx/Tx
------------------------------------------------------------------------
                 10.23.100.1           1-301               1
60de-4476-e360   2015/02/09 16:11:51    -57/-57            22/3
L2               10.23.100.2           1-302               1
dcd2-fc04-b500   2015/02/09 16:13:53    -58/-              -/-
------------------------------------------------------------------------
Number: 1
```

拓 展 练 习

一、知识检测

（1）以下关于AC漫游组的述说法错误的是（　　）。

A．漫游组的AC需要部署一台Master Controller

B．漫游组的AC之间通过采用DTLS扩展隧道来封装和传输漫游相关信息

C．Master Controller必须为漫游组内的AC

D．无线用户只能在同一个漫游组内的AC间才能进行漫游

（2）以下对无线漫游的描述正确的是（　　）。

A．无线漫游是无线AP主动发起

B．终端AC间漫游时IP地址会改变

C．本地转发组网无线终端漫游时要求AP管理地址互通

D．三层漫游时无线终端的地址可能会改变

（3）以下关于无线AC漫游说法正确的是（　　）。

A．AC间漫游时，由于无线用户漫游前后在不同AC不同子网，在保持用户IP地

址不变的情况下，跨AC的漫游最终数据需要通过漫入AC来转发

B. AC间漫游时，发至漫游用户的数据报文会先送到漫出AC，再由漫出AC通过隧道传送到漫入，由漫入AC转发给终端用户

C. AC内三层漫游中，终端通过漫入AP重新同AC发生关联，由于漫游前后不在同一个子网中，终端需要重新获取IP才能进行通讯

D. AC内二层漫游中，终端通过漫入AP重新同AC发生关联，AC判断该终端为漫游用户，由于漫游前后在同一个子网中，AC仅需更新用户数据库信息，将数据通路改为漫入AP即可达到漫游目的

（4）关于二层漫游和三层漫游的描述，以下说法不正确的是（　　）。

A. 三层漫游前后终端用户关联的AP服务集上的VLAN不同

B. 如果终端用户漫游时前后关联的VLAN ID相同，则一定属于二层漫游

C. 二层漫游是指客户端在同一子网内漫游

D. 三层漫游是指客户端在不同子网间漫游

（5）当WLAN网络支持AC间漫游时，多个AC会通过AC间隧道建立全连接。如果为保证三层漫游到其他AC的用户仍能收到原来子网中的广播报文，而简单地将广播报文通过漫游隧道广播到其他AC上，就有可能形成广播环路，该说法是（　　）的。

A. 正确　　　　B. 错误

二、能力检测

1. 项目背景与分析

在已具备无线局域网，且无线部署采用AC旁挂三层组网的架构。需要在原有无线网络基础上，部署AC间三层漫游网络。

2. 项目拓扑

与图10-2相同。

3. 项目规划

根据图10-2规划连接方式，填写规划表10-6～表10-10。

表10-6　设备规划

设备类型	设备型号	设备命名	系统版本

表10-7　端口互联规划

设　备	本端端口	对端设备	对端端口

表 10-8　WLAN 规划

设　备	SSID	加密方式	密　钥

表 10-9　IP 及端口规划

设　备	接　口	规　划	备　注

表 10-10　DHCP 规划

地址池名称	地址范围	网　关

4．实践结果提交

完成实践内容后，将自己制作的拓扑结构图、设备规划表、端口互联规划表、WLAN规划表、IP及端口规划表、DHCP规划表，以及过程截图提交给老师。

实践项目 11

WLAN 本地用户的 MAC 认证

11.1 项目背景

小李所在项目组在配置无线用户认证的过程中，发现哑终端（即无法手工控制其发起认证的网络终端，如打印机）无法安装认证客户端（802.1x），为满足安全性要求，让终端设备都能够安全入网，需要采用一种适合哑终端的身份认证方式。

11.2 项目分析

对于无法安装和使用802.1x客户端软件的终端，可以通过MAC认证方式进行认证。在接口上配置MAC认证功能后，用户首先会进行802.1x认证，同时启动MAC认证延迟定时器。如果MAC认证延迟时间到达而802.1x认证仍未成功，则设备对用户启动MAC认证流程。

MAC认证提供了一个用户身份认证的实现方案，但是仅仅依靠MAC认证不足以实现该方案。为了完成用户的身份认证还需要结合AAA方案，因此，需要首先完成以下配置任务：

（1）配置AAA客户端，即用户所属的认证域及其使用的AAA方案。

（2）如果需要通过RADIUS服务器进行认证，则应该在RADIUS服务器上添加接入用户的用户名和密码。

（3）如果需要本地认证，则应该在接入设备上手动添加接入用户的用户名和密码。

11.3 知识准备

1．AAA

AAA是Authentication（认证）、Authorization（授权）和Accounting（计费）的简称，提供了在NAS（network access server，网络接入服务器）设备上配置访问控制的管理框架，实现对用户进行认证、授权和计费等安全功能，以防止非法用户登录设备，从而增强设备系统的安全性。

AAA作为网络安全的一种管理机制，以模块化的方式提供以下服务：

认证：确认访问网络的用户身份，判断访问者是否为合法的网络用户。

授权：对不同用户赋予不同的权限，限制用户可以使用的服务。

计费：记录用户使用网络服务过程中的所有操作，包括使用的服务类型、起始时间、数据流量等，用于收集和记录用户对网络资源的使用情况，并可以实现针对时间、流量的计费需求，也对网络起到监视作用。

AAA采用客户端/服务器结构，AAA客户端运行在接入设备上，通常被称为NAS设备，负责验证用户身份与管理用户接入。AAA服务器是认证服务器、授权服务器和计费服务器的统称，负责集中管理用户信息。AAA的基本架构如图11-1所示。

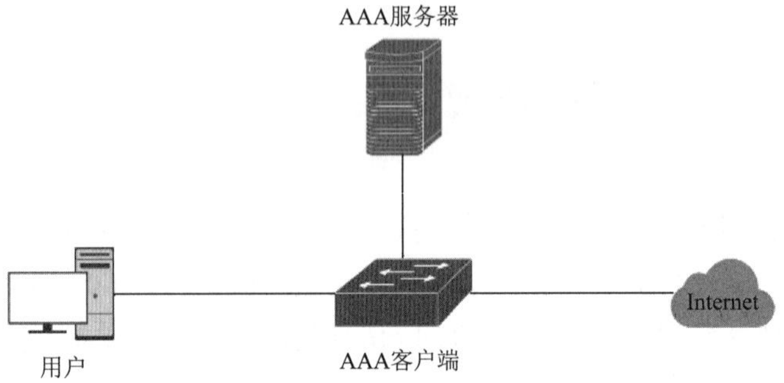

图11-1　AAA基本架构

目前设备支持基于RADIUS或HWTACACS协议来实现AAA，在实际应用中，最常使用RADIUS协议。

图11-1所示的AAA服务器，用户可以根据实际组网需求来决定认证、授权、计费功能分别由使用哪种协议类型的服务器来承担。用户也可以只使用AAA提供的一种或两种安全服务。例如，公司仅仅想让员工在访问某些特定资源时进行身份认证，那么网络管理员只要配置认证服务器即可。但是若希望对员工使用网络的情况进行记录，那么还需要配置计费服务器。

2．802.1x

802.1x协议是基于Client/Server的访问控制和认证协议。它可以限制未经授权的用户/

设备通过接入端口（access port）访问 LAN/WLAN。在获得交换机或 LAN 提供的各种业务之前，802.1x 对连接到交换机端口上的用户/设备进行认证。在认证通过之前，802.1x 只允许 EAPOL（基于局域网的扩展认证协议）数据通过设备连接的交换机端口。认证通过以后，正常的数据可以顺利地通过以太网端口。

802.1x 的优势可以总结为以下几点：

（1）简洁高效：纯以太网技术内核，保持了 IP 网络无连接特性，不需要进行协议间的多层封装，去除了不必要的开销和冗余；消除网络认证计费瓶颈和单点故障，易于支持多业务和新兴流媒体业务。

（2）容易实现：可在普通 L3、L2、IPDSLAM 上实现，网络综合造价成本低，保留了传统 AAA 认证的网络架构，可以利用现有的 RADIUS 设备。

（3）安全可靠：在二层网络上实现用户认证，结合 MAC、端口、账户、VLAN 和密码等；绑定技术具有很高的安全性，在无线局域网网络环境中，802.1x 结合 EAP－TLS 和 EAP－TTLS 可以实现对 WEP 证书密钥的动态分配，克服无线局域网接入过程中的安全漏洞。

（4）行业标准：IEEE 标准，和以太网标准同源，可以实现和以太网技术的无缝融合，几乎所有的主流数据设备厂商在其设备，包括路由器、交换机和无线 AP 上都提供对该协议的支持。

（5）应用灵活：可以灵活控制认证的颗粒度，用于对单个用户连接、用户 ID 或者是对接入设备进行认证，认证的层次可以进行灵活的组合，满足特定的接入技术或者是业务的需要。

（6）易于运营：控制流和业务流完全分离，易于实现跨平台多业务运营，少量改造传统包月制等单一收费制网络即可升级成运营级网络，而且网络的运营成本也有望降低。

11.4　项目拓扑

项目拓扑结构如图 11-2 所示。

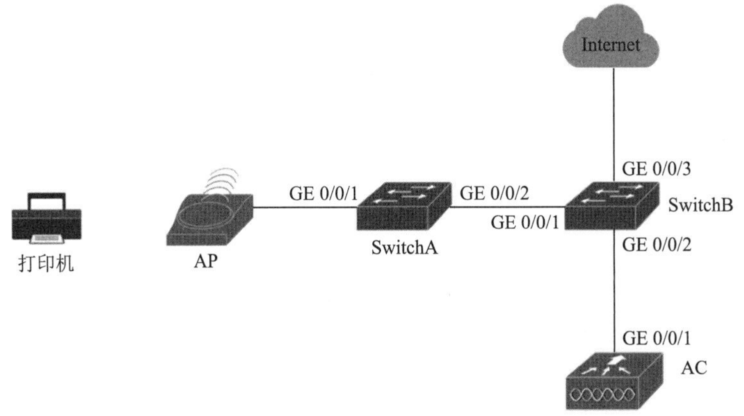

图 11-2　拓扑结构

11.5 项目规划

根据图11-2规划连接方式，规划详情见表11-1～表11-5。

表11-1 设备规划

设备类型	设备型号	设备命名	系统版本
AP	AP8130DN	1-301	Version 5.160
交换机	HUAWEI S5700	SwitchA	Version 5.110
交换机	HUAWEI S3700	SwitchB	Version 5.110
AC	HUAWEI AC6605	AC	Version 5.160
打印机	惠普	打印机	—

表11-2 端口互联规划

设备	本端端口	对端设备	对端端口
SwitchA	GE 0/0/1	AP	GE 0/0/1
SwitchA	GE 0/0/2	SwitchB	GE 0/0/1
SwitchB	GE 0/0/1	SwitchA	GE 0/0/2
SwitchB	GE 0/0/2	AC	GE 0/0/1
SwitchB	GE 0/0/3	上层网络	—
AC	GE 0/0/1	SwitchB	GE 0/0/2

表11-3 WLAN规划

设备	SSID	加密方式	密钥
AC	Fitap001	本地用户MAC地址认证	abc123

表11-4 IP及端口规划

设备	接口	规划	备注
SwitchA	GE 0/0/1	Trunk	允许VLAN 100通过
SwitchA	GE 0/0/2	Trunk	允许VLAN 100通过
SwitchB	GE 0/0/1	Trunk	允许VLAN 100通过
SwitchB	GE 0/0/2	Trunk	允许VLAN 100和VLAN 101通过
SwitchB	GE 0/0/3	Trunk	允许VLAN 101通过
SwitchB	VLAN 101接口	10.23.101.1/24	DHCP接口地址池
AC	GE 0/0/1	Trunk	允许VLAN 100和VLAN 101通过
AC	VLAN 100接口	10.23.100.1/24	DHCP接口地址池

表11-5 DHCP规划

地址池名称	类型	地址范围	网关
VLANIF 100	AC所在的管理VLAN	10.23.100.0/24	10.23.100.1
VLANIF 101	哑终端所在的业务VLAN	10.23.101.0/24	10.23.101.1

11.6 实施过程

步骤1 配置交换机。

（1）配置接入交换机SwitchA的物理接口。

```
[SwitchA] vlan batch 100                                      ! 创建VLAN
[SwitchA] interface gigabitEthernet 0/0/1
[SwitchA-GigabitEthernet0/0/1] port link-type trunk
[SwitchA-GigabitEthernet0/0/1] port trunk pvid vlan 100  ! 默认VLAN
[SwitchA-GigabitEthernet0/0/1] port trunk allow-pass vlan 100
                                                             ! 允许管理VLAN通过
[SwitchA-GigabitEthernet0/0/1] port-isolate enable            ! 端口隔离
[SwitchA-GigabitEthernet0/0/1] quit
[SwitchA] interface gigabitEthernet 0/0/2
[SwitchA-GigabitEthernet0/0/2] port link-type trunk
[SwitchA-GigabitEthernet0/0/2] port trunk allow-pass vlan 100
                                                             ! 允许管理VLAN通过
[SwitchA-GigabitEthernet0/0/2] quit
```

（2）配置SwitchB的接口。

```
[SwitchB] vlan batch 100 101  ! 创建VLAN
[SwitchB] interface gigabitEthernet 0/0/1
[SwitchB-GigabitEthernet0/0/1] port link-type trunk
[SwitchB-GigabitEthernet0/0/1] port trunk allow-pass vlan 100
[SwitchB-GigabitEthernet0/0/1] quit
[SwitchB] interface gigabitEthernet 0/0/2
[SwitchB-GigabitEthernet0/0/2] port link-type trunk
[SwitchB-GigabitEthernet0/0/2] port trunk allow-pass vlan 100 101
                              ! 隧道转发模式下，VLAN 100和VLAN 101均通过此接口
[SwitchB-GigabitEthernet0/0/2] quit
[SwitchB] interface gigabitEthernet 0/0/3
[SwitchB-GigabitEthernet0/0/3] port link-type trunk
[SwitchB-GigabitEthernet0/0/3] port trunk allow-pass vlan 101
                              ! VLAN 101去往上层网络
[SwitchB-GigabitEthernet0/0/3] quit
```

步骤2 配置AC与其他设备互通。

```
[AC] vlan batch 100 101
[AC] interface gigabitEthernet 0/0/1
```

```
[AC-GigabitEthernet0/0/1] port link-type trunk
[AC-GigabitEthernet0/0/1] port trunk allow-pass vlan 100 101
[AC-GigabitEthernet0/0/1] quit
```

步骤3 配置DHCP。

（1）在AC上配置DHCP。

```
[AC] dhcp enable
[AC] interface vlanif 100
[AC-vlanif100] ip address 10.23.100.1 24
[AC-vlanif100] dhcp select interface              ! 接口地址池为AP分配IP
[AC-vlanif100] quit
```

（2）在SwitchB上配置DHCP。

```
[SwitchB] dhcp enable
[SwitchB] interface vlanif 101
[SwitchB-vlanif101] ip address 10.23.101.1 24
[SwitchB-vlanif101] dhcp select interface         ! 接口地址池为哑终端分配IP
[SwitchB-vlanif101] quit
```

步骤4 配置AP上线。

（1）创建AP组，用于将相同配置的AP都加入同一AP组中。

```
[AC] wlan
[AC-wlan-view] ap-group name test
[AC-wlan-ap-group-test] quit
```

（2）创建域管理模板，在域管理模板下配置AC的国家码并在AP组下引用域管理模板。

```
[AC-wlan-view] regulatory-domain-profile name test
[AC-wlan-regulate-domain-test] country-code cn
[AC-wlan-regulate-domain-test] quit
[AC-wlan-view] ap-group name test
[AC-wlan-ap-group-test] regulatory-domain-profile test
                                                  ! 在AP组中引入域管理模板
Warning: Modifying the country code will clear channel, power and antenna
gain configurations of the radio and reset the AP. Continue?[Y/N]:y
[AC-wlan-ap-group-test] quit
[AC-wlan-view] quit
```

（3）配置AC源接口。

```
[AC] capwap source interface vlanif 100
```

（4）在AC上离线导入AP，并将AP加入AP组test中。假设AP的MAC地址为0c20-a4b3-f3d0，并且根据AP的部署位置为AP配置名称，便于从名称上就能够了解AP的部署位置。

```
[AC] wlan
[AC-wlan-view] ap auth-mode mac-auth
                        ！AP的上线验证方式为MAC认证，此处有别于无线用户的MAC认证
[AC-wlan-view] ap-id 0 ap-mac 0c20-a4b3-f3d0
[AC-wlan-ap-0] ap-name 1-301
Warning: This operation may cause AP reset. Continue? [Y/N]:y
[AC-wlan-ap-0] ap-group test
Warning: This operation may cause AP reset. If the country code changes,
it will clear channel, power and antenna gain configurations of the radio,
Whether to continue? [Y/N]:y
[AC-wlan-ap-0] quit
```

将AP上电后，当执行命令display ap all，查看到AP的“State”字段为“nor”时，表示AP正常上线。

```
[AC-wlan-view] display ap all
Total AP information:
nor  : normal          [1]
Extra information:
P  : insufficient power supply
--------------------------------------------------------------------------
ID MAC            AP-Name Group IP            Type     State STA Uptime
--------------------------------------------------------------------------
0  0c20-a4b3-f3d0 1-301   test  10.23.100.254 AP5030DN nor   0   10S
--------------------------------------------------------------------------
Total: 1
```

步骤5　配置本地认证。

（1）配置本地认证方案test。

```
[AC] aaa
[AC-aaa] authentication-scheme test
[AC-aaa-authen-test] authentication-mode local
                                        ！AAA认证模式为local，即本地认证
[AC-aaa-authen-test] quit
```

（2）配置本地用户的用户名、密码和服务类型（MAC接入用户采用AAA本地认证时，不会匹配和检查本地用户的服务类型）。

```
[AC-aaa] local-user e019-1dc7-1e08 password cipher abc12345
                                        ！将哑终端的MAC地址设置为用户名
[AC-aaa] local-user e019-1dc7-1e08 service-type 8021x   ！服务类型为802.1x
[AC-aaa] quit
```

（3）配置MAC接入模板test。

```
[AC] mac-access-profile name test
[AC-mac-access-profile-test] mac-authen username macaddress format
without-hyphen password cipher abc12345
          ！without-hyphen：不带连字符。即MAC地址输入时不加"."或者"-"等连字符
[AC-mac-access-profile-test] quit
```

（4）配置认证模板test。

```
[AC] authentication-profile name test
[AC-authentication-profile-test] mac-access-profile test
                                    ！引入接入模板test和认证方案test。
[AC-authentication-profile-test] authentication-scheme test
[AC-authentication-profile-test] quit
```

步骤6 配置WLAN业务参数。

（1）创建名为test的安全模板，并配置安全策略为open方式的开放认证。缺省情况下，安全策略为open方式的开放认证。

```
[AC] wlan
[AC-wlan-view] security-profile name test
[AC-wlan-sec-prof-test] quit
```

（2）创建名为test的SSID模板，并配置SSID名称为fitap001。

```
[AC-wlan-view] ssid-profile name test
[AC-wlan-ssid-prof-test] ssid fitap001
Warning: This action may cause service interruption. Continue?[Y/N]y
[AC-wlan-ssid-prof-test] quit
```

（3）创建名为test的VAP模板，配置业务数据转发模式、业务VLAN，并且引用安全模板、SSID模板和认证模板。

```
[AC-wlan-view] vap-profile name test
```

```
[AC-wlan-vap-prof-test] forward-mode tunnel
[AC-wlan-vap-prof-test] service-vlan vlan-id 101
[AC-wlan-vap-prof-test] security-profile test
[AC-wlan-vap-prof-test] ssid-profile test
[AC-wlan-vap-prof-test] authentication-profile test
[AC-wlan-vap-prof-test] quit
```

（4）配置AP组引用VAP模板，AP上射频0和射频1都使用VAP模板test的配置。

```
[AC-wlan-view] ap-group name test
[AC-wlan-ap-group-test] vap-profile test wlan 1 radio 0
[AC-wlan-ap-group-test] vap-profile test wlan 1 radio 1
[AC-wlan-ap-group-test] quit
[AC-wlan-view] quit
```

11.7　项目验证

哑终端关联到无线网络后，自动完成认证，认证成功后能够访问网络。

```
[AC-wlan-view] display station ssid fitap001
Rf/WLAN: Radio ID/WLAN ID
Rx/Tx: link receive rate/link transmit rate(Mbps)
------------------------------------------------------------------------
STA-MAC          AP-ID  Ap-name  Rf/WLAN  Band  Type  vlan  IP address
------------------------------------------------------------------------
e019-1dc7-1e08   0      1-301    1/1      5G    11n   101   10.23.101.5
------------------------------------------------------------------------
Total: 1 2.4G: 0 5G: 1
```

拓 展 练 习

一、知识检测

（1）AAA是一种管理框架，比较常用（　　）协议来实现。

A．RADIUS　　B．CAPWAP

C．802.11a/b/g/n　　D．802.1x

（2）FIT AP组网中，下列认证方式在认证过程中不需要AC参与的是（　　）。

A．共享密钥认证　　B．802.1x认证

C．PSK认证　　　　　　　　D．Portal认证

（3）在802.1x协议中，必须要具备（　　）才能够完成对用户的认证和授权。（多选题）

A．eSight服务器　　　　　　B．客户端

C．认证者　　　　　　　　　D．认证服务器

（4）802.1x具有的优势包括（　　）。（多选题）

A．简洁高效　B．安全可靠　C．容易实现　D．应用灵活

（5）AAA作为网络安全的一种管理机制，以模块化的方式提供的服务包括（　　）。（多选题）

A．认证　　B．授权　　C．计费　　D．杀毒

二、能力检测

1．项目背景与分析

无线部署采用AC直连三层组网的架构中，部署本地用户MAC地址认证，实现哑终端打印机的无线接入。

2．项目拓扑（见图11-3）

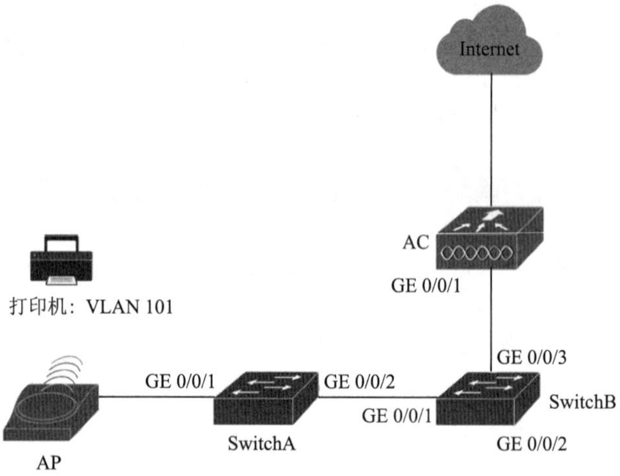

图11-3　拓扑结构

3．项目规划

根据以上拓扑结构图规划连接方式，填写规划表11-6～表11-10。

表11-6　设备规划

设备类型	设备型号	设备命名	系统版本

表 11-7　端口互联规划

设　备	本端端口	对端设备	对端端口

表 11-8　WLAN 规划

设　备	SSID	加密方式	密　钥

表 11-9　IP 及端口规划

设　备	接　口	规　划	备　注

表 11-10　DHCP 规划

地址池名称	地址范围	网　关

4. 实践结果提交

完成实践内容后，将自己制作的拓扑结构图、设备规划表、端口互联规划表、WLAN 规划表、IP 及端口规划表、DHCP 规划表，以及过程截图提交给老师。

实践项目 12

WLAN 本地用户的内置 Portal 认证

12.1 项目背景

小李所在项目组曾经的客户部署了本地用户MAC认证，解决了哑终端的安全接入问题。该公司为了进一步增强无线接入的安全性，提出在不增加成本的前提下，增加认证复杂度的需求。

12.2 项目分析

小李为了提高客户无线网络接入的安全性，计划采用Portal认证方式。为了降低成本，将AC部署为Portal服务器，并选择本地认证方式，在AC上完成认证。

12.3 知识准备

1. Portal

Portal认证也称作Web认证或DHCP+Web认证，使用标准Web浏览器登录，不需要安装特殊的客户端软件。主动认证方式下，用户通过主动访问位于Portal服务器上的认证页面，输入用户账号信息并提交Web页面后，Portal服务器将获取用户账号信息。强制认证方式下，用户试图通过HTTP访问其他外网，被WLAN服务端强制重定向到Web认证页面后，输入用户账号信息并提交Web页面后，Portal服务器将获取用户账号信息。随后，Portal服务器通过Portal协议与WLAN服务端交互，将用户账号信息发送给WLAN服务端，服务端与认证服务器交互完成用户认证过程。

Portal认证在WLAN运营网和企业网中应用广泛，可提供方便的管理功能以开展广告、社区服务、个性化业务等，使得运营商、设备提供商和内容服务提供商形成一个产业生态系统。Portal认证通常由四个基本要素组成：客户端、接入服务器、Portal服务器、AAA服务器，AC担当接入服务器。

2．Portal 认证方式

Portal认证方式分为二层认证方式和可跨三层认证方式。二层认证和可跨三层认证的区别在于：接入服务器无法获取用户的MAC地址，因而不能进行MAC地址、IP地址的绑定检查，安全性相对较差；地址解析协议（address resolution protocol, ARP）请求不能穿透路由器，不能对用户进行ARP探测来确定其是否在线。二层认证和可跨三层认证的流程一样，具体如图12-1所示。

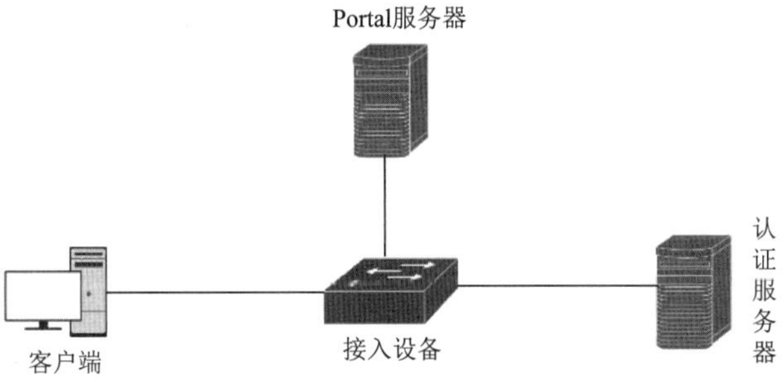

图 12-1　Portal 认证系统

3．Portal 认证的特点

（1）Portal认证具有以下特点：

① 简单方便。客户端不需要安装额外的软件，可直接在Web页面上认证。

② 便于运营。可以在Portal页面上进行业务拓展，如广告推送、企业宣传等。

③ 技术成熟。Portal认证被广泛应用于运营商、连锁快餐、酒店、学校等网络。

④ 部署位置灵活。可以在接入层或关键数据的入口作访问控制。

⑤ 用户管理灵活。可基于用户名与VLAN/IP地址/MAC地址的组合对用户进行认证。

Portal认证系统主要包括四个基本要素：客户端、接入设备、Portal服务器与认证服务器，如图12-1所示。

客户端安装有运行HTTP/HTTPS协议的浏览器的主机。

Portal服务器是接收客户端认证请求的服务器系统，提供免费门户服务和认证界面，与接入设备交互客户端的认证信息，完成对用户的认证、授权与计费。

（2）Portal认证流程如下：

① 当客户端与接入设备之间为二层网络时，接入设备可以学习到客户端的MAC地址，则接入设备可以利用IP地址和MAC地址来识别用户，此时可配置Portal认证为二层认证方式。

② 当客户端与接入设备之间包含三层网络时，接入设备不能获取到认证客户端的MAC地址，只能以IP地址作为用户的唯一标识，此时需要将Portal认证配置为三层认证方式。

③ 在认证之前客户端与接入设备之间建立起预连接，即客户端用户在认证成功之前在接入设备上已建立用户在线表项，并且只有部分网络访问权限。

④ 客户端发起HTTP连接请求。接入设备收到HTTP连接请求报文时，如果是访问Portal服务器或免认证网络资源，则接入设备允许其通过；如果是访问其他地址，则接入设备将其URL地址重定向到Portal认证页面。

⑤ 客户端根据获得的URL地址向Portal服务器发起HTTP连接请求，Portal服务器向客户端返回Portal认证页面，用户在Portal认证页面输入用户名和密码后，客户端向Portal服务器发起Portal认证请求。

⑥ Portal服务器将用户输入的用户名和密码封装在Portal认证请求报文中，并发送给接入设备，接入设备根据获取到的用户名和密码，向RADIUS服务器发送RADIUS认证请求。

⑦ RADIUS服务器对用户名和密码进行认证。如果认证成功，则RADIUS服务器向接入设备发送认证接受报文；如果认证失败，则RADIUS服务器返回认证拒绝报文。由于RADIUS协议合并了认证和授权的过程，因此认证接受报文中也包含了用户的授权信息。接入设备根据接收到的认证结果接入/拒绝用户。如果允许用户接入，则接入设备向RADIUS服务器发送计费开始请求报文。

⑧ RADIUS服务器返回计费开始响应报文，并开始计费，将用户加入自身在线用户列表，接入设备向Portal服务器返回Portal认证结果，并将用户加入自身在线用户列表。

⑨ Portal服务器向客户端发送认证结果报文，通知客户端认证成功，并将用户加入自身在线用户列表。

⑩ Portal服务器向接入设备发送认证应答确认，认证完毕。

12.4 项目拓扑

项目拓扑结构如图12-2所示。

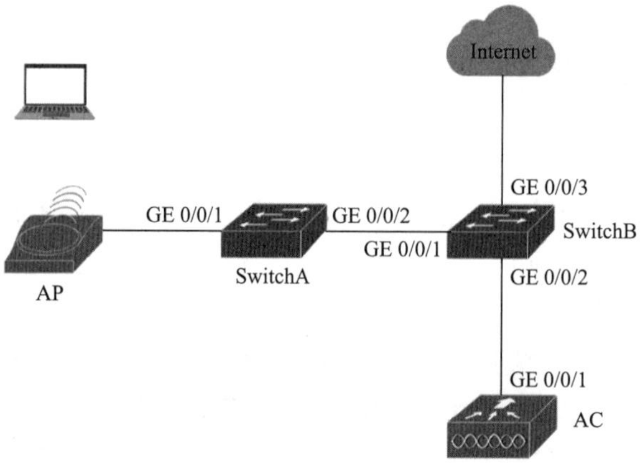

图12-2　拓扑结构

12.5 项目规划

根据图 12-2 规划连接方式，规划详情见表 12-1～表 12-5。

表 12-1　设备规划

设备类型	设备型号	设备命名	系统版本
AP	AP8130DN	1-301	Version 5.160
交换机	HUAWEI S5700	SwitchA	Version 5.110
交换机	HUAWEI S3700	SwitchB	Version 5.110
AC	HUAWEI AC6605	AC	Version 5.160

表 12-2　端口互联规划

设　备	本端端口	对端设备	对端端口
SwitchA	GE 0/0/1	AP	GE 0/0/1
SwitchA	GE 0/0/2	SwitchB	GE 0/0/1
SwitchB	GE 0/0/1	SwitchA	GE 0/0/2
SwitchB	GE 0/0/2	AC	GE 0/0/1

表 12-3　WLAN 规划

设　备	SSID	加密方式	密　钥
AC	fitap001	WPA-WPA2+PSK+AES	abc12345

表 12-4　IP 及端口规划

设　备	接　口	规　划	备　注
SwitchA	GE 0/0/1	Trunk	允许 VLAN 100 通过
SwitchA	GE 0/0/2	Trunk	允许 VLAN 100 通过
SwitchB	GE 0/0/1	Trunk	允许 VLAN 100 通过
SwitchB	GE 0/0/2	Trunk	允许 VLAN 100 和 VLAN 101 通过
SwitchB	VLAN 101 接口	10.23.101.1/24	DHCP 接口地址池
AC	GE 0/0/1	Trunk	允许 VLAN 100 和 VLAN 101 通过
AC	VLAN 100 接口	10.23.100.1/24	DHCP 接口地址池

表 12-5　DHCP 规划

地址池名称	类　型	地址范围	网　关
VLANIF 100	AC 所在的管理 VLAN	10.23.100.0/24	10.23.100.1
VLANIF 101	无线用户的业务 VLAN	10.23.101.0/24	10.23.101.1

12.6 实施过程

步骤 1 配置周边设备。

（1）配置接入交换机SwitchA的物理接口。

```
[SwitchA] vlan batch 100
[SwitchA] interface gigabitethernet 0/0/1
[SwitchA-GigabitEthernet0/0/1] port link-type trunk
[SwitchA-GigabitEthernet0/0/1] port trunk pvid vlan 100
[SwitchA-GigabitEthernet0/0/1] port trunk allow-pass vlan 100
[SwitchA-GigabitEthernet0/0/1] port-isolate enable
[SwitchA-GigabitEthernet0/0/1] quit
[SwitchA] interface gigabitethernet 0/0/2
[SwitchA-GigabitEthernet0/0/2] port link-type trunk
[SwitchA-GigabitEthernet0/0/2] port trunk allow-pass vlan 100
[SwitchA-GigabitEthernet0/0/2] quit
```

（2）配置SwitchB的接口。

```
[SwitchB] vlan batch 100 101
[SwitchB] interface gigabitethernet 0/0/1
[SwitchB-GigabitEthernet0/0/1] port link-type trunk
[SwitchB-GigabitEthernet0/0/1] port trunk allow-pass vlan 100
[SwitchB-GigabitEthernet0/0/1] quit
[SwitchB] interface gigabitethernet 0/0/2
[SwitchB-GigabitEthernet0/0/2] port link-type trunk
[SwitchB-GigabitEthernet0/0/2] port trunk allow-pass vlan 100 101
[SwitchB-GigabitEthernet0/0/2] quit
[SwitchB] interface gigabitethernet 0/0/3
[SwitchB-GigabitEthernet0/0/3] port link-type trunk
[SwitchB-GigabitEthernet0/0/3] port trunk allow-pass vlan 101
[SwitchB-GigabitEthernet0/0/3] quit
```

（3）配置AC的接口。

```
[AC] vlan batch 100 101
[AC] interface gigabitEthernet 0/0/1
[AC-GigabitEthernet0/0/1] port link-type trunk
[AC-GigabitEthernet0/0/1] port trunk allow-pass vlan 100 101
[AC-GigabitEthernet0/0/1] quit
```

步骤2　配置DHCP。

（1）在AC上配置DHCP。

```
[AC] dhcp enable
[AC] interface vlanif 100
[AC-vlanif100] ip address 10.23.100.1 24
[AC-vlanif100] dhcp select interface！接口地址池为AP分配IP
[AC-vlanif100] quit
```

（2）在SwitchB上配置DHCP。

```
[SwitchB] dhcp enable
[SwitchB] interface vlanif 101
[SwitchB-vlanif101] ip address 10.23.101.1 24
[SwitchB-vlanif101] dhcp select interface
[SwitchB-vlanif101] quit
```

步骤3　配置AP组、国家码和AC的源接口。

（1）创建AP组，用于将相同配置的AP都加入同一AP组中。

```
[AC] wlan
[AC-wlan-view] ap-group name test
[AC-wlan-ap-group-test] quit
```

（2）创建域管理模板，在域管理模板下配置AC的国家码，并在AP组下引用域管理模板。

```
[AC-wlan-view] regulatory-domain-profile name test
[AC-wlan-regulate-domain-test] country-code cn
[AC-wlan-regulate-domain-test] quit
[AC-wlan-view] ap-group name test
[AC-wlan-ap-group-test]regulatory-domain-profile test
Warning: Modifying the country code will clear channel, power and antenna
gain configurations of the radio and reset the AP. Continue?[Y/N]:y
```

（3）配置AC源接口。

```
[AC] capwap source interface vlanif 100
```

（4）在AC上离线导入AP，并将AP加入AP组“test”中。

```
[AC] wlan
[AC-wlan-view] ap auth-mode mac-auth
```

```
[AC-wlan-view] ap-id 0 ap-mac 0c20-a4b3-f3d0
[AC-wlan-ap-0] ap-name 1-301
Warning: This operation may cause AP reset. Continue? [Y/N]:y
[AC-wlan-ap-0] ap-group test
Warning: This operation may cause AP reset. If the country code changes,
it will clear channel, power and antenna gain configurations of the radio,
Whether to continue? [Y/N]:y
[AC-wlan-ap-0] quit
```

将AP上电后，当执行命令display ap all，查看到AP的“State”字段为“nor”时，表示AP正常上线。

```
[AC-wlan-view] display ap all
Total AP information:
nor  : normal          [1]
Extra information:
P  : insufficient power supply
-------------------------------------------------------------------------
ID  MAC            Name   Group IP             Type     State STA Uptime
-------------------------------------------------------------------------
0   0c20-a4b3-f3d0 1-301  test  10.23.100.254  AP5030DN nor   0   10S
-------------------------------------------------------------------------
Total: 1
```

步骤4　配置本地认证。

（1）配置本地认证方案test，配置本地用户的用户名、密码和服务类型。

```
[AC] aaa
[AC-aaa] authentication-scheme test                 ！认证方案test
[AC-aaa-authen-test] authentication-mode local      ！认证方式为本地（local）
[AC-aaa-authen-test] quit
[AC-aaa] local-user guest password cipher abc12345 ！本地用户名及密码
[AC-aaa] local-user guest service-type web          ！服务类型
[AC-aaa] quit
```

（2）配置SSL策略default_policy并加载数字证书和RSA密钥对。

```
[AC] pki realm abc
[AC-pki-realm-abc] quit
[AC] pki import-certificate local realm abc pem filename abc_local.pem
                                                                  ！本地证书
[AC] pki import-certificate ca realm abc pem filename abc_ca.pem ！CA证书
```

```
[AC] pki import rsa-key-pair key1 pem privatekey.pem password abc12345
                                                       ! RSA密钥
[AC] ssl policy default_policy type server
[AC-ssl-policy-default_policy] pki-realm abc
[AC-ssl-policy-default_policy] version tls1.0 tls1.1 tls1.2
[AC-ssl-policy-default_policy] ciphersuite rsa_aes_128_sha256 rsa_aes_256_
sha256
[AC-ssl-policy-default_policy] quit
[AC] http secure-server ssl-policy default_policy
[AC] http secure-server enable
```

已申请获取到本地证书、CA证书和RSA密钥分别为abc_local.pem、abc_ca.pem、privatekey.pem，并已将这些都上传到设备的存储介质中。如果申请到多个CA证书，请执行相同的操作加载到设备内存中。生成privatekey.pem时的密钥为abc12345。

查看SSL策略的配置信息，其中CA与本地证书的状态必须为loaded。

```
[AC] display ssl policy default_policy
------------------------------------------------------------------------
  Policy name                        :  default_policy
  Policy ID                          :  2
  Policy type                        :  Server
  Cipher suite                       :  rsa_aes_128_sha256 rsa_aes_256_sha256
  PKI realm                          :  abc
  Version                            :  tls1.0 tls1.1 tls1.2
  Cache number                       :  32
  Time out(second)                   :  3600
  Server certificate load status     :  loaded
  CA certificate chain load status   :  loaded
  SSL renegotiation status           :  enable
  Bind number                        :  1
  SSL connection number              :  0
  ----------------------------------------------------------------------
```

步骤5　配置Portal接入模板test。

（1）使能内置Portal服务器功能，并配置其使用的SSL策略名称为default_policy。

```
[AC] interface loopback 1
[AC-LoopBack1] ip address 10.23.100.3 24
[AC-LoopBack1] quit
[AC] portal local-server ip 10.23.100.3
[AC] portal local-server https ssl-policy test port 20000
```

（2）创建Portal接入模板test，并配置其使用内置Portal服务器。

```
[AC] portal-access-profile name test
[AC-portal-access-profile-test] portal local-server enable
[AC-portal-access-profile-test] quit
```

步骤6 配置免认证规则模板test，使用户在认证前可以访问DNS服务器。

```
[AC] free-rule-template name test
[AC-free-rule-test] free-rule 1 destination ip 202.100.192.68 mask 32
                                          ! DNS服务器IP地址为实际可访问的地址
[AC-free-rule-test] quit
```

步骤7 配置认证模板test。

```
[AC] authentication-profile name test
[AC-authentication-profile-test] portal-access-profile test
[AC-authentication-profile-test] free-rule-template test
[AC-authentication-profile-test] authentication-scheme test
[AC-authentication-profile-test] quit
```

步骤8 配置WLAN业务参数。

（1）创建名为test的安全模板，并配置安全策略为open方式的开放认证。默认情况下，安全策略为open方式的开放认证。

```
[AC] wlan
[AC-wlan-view] security-profile name test
[AC-wlan-sec-prof-test] quit
```

（2）创建名为test的SSID模板，并配置SSID名称为1-301。

```
[AC-wlan-view] ssid-profile name test
[AC-wlan-ssid-prof-test] ssid fitap001
Warning: This action may cause service interruption. Continue?[Y/N]y
[AC-wlan-ssid-prof-test] quit
```

（3）创建名为test的VAP模板，配置业务数据转发模式、业务VLAN，并且引用安全模板、SSID模板和认证模板。

```
[AC-wlan-view] vap-profile name test
[AC-wlan-vap-prof-test] forward-mode tunnel
[AC-wlan-vap-prof-test] service-vlan vlan-id 101
```

```
[AC-wlan-vap-prof-test] security-profile test
[AC-wlan-vap-prof-test] ssid-profile test
[AC-wlan-vap-prof-test] authentication-profile test
[AC-wlan-vap-prof-test] quit
```

（4）配置AP组引用VAP模板，AP上射频0和射频1都使用VAP模板test的配置。

```
[AC-wlan-view] ap-group name test
[AC-wlan-ap-group-test] vap-profile test wlan 1 radio 0
[AC-wlan-ap-group-test] vap-profile test wlan 1 radio 1
[AC-wlan-ap-group-test] quit
[AC-wlan-view] quit
```

12.7 项目验证

完成配置后，无线用户可以搜索到SSID为1-301的无线网络。

无线用户关联到无线网络上后，能够被分配相应的IP地址。

无线用户上打开浏览器访问网络时，会自动跳转到Portal服务器提供的认证页面，在页面上输入正确的用户名和密码后，无线用户认证成功并可以访问网络。

拓 展 练 习

一、知识检测

（1）关于Portal认证以下说法正确的是（　　）。

A．Portal认证的实时计费周期是基于AP数量来调整的

B．Portal认证不涉及RADIUS认证

C．Portal认证不能和802.1x认证同时使用

D．可以使用客户端进行Portal认证

（2）下列哪个选项关于Portal认证流程的描述是正确的（　　）。

A．Portal认证流程只用在Web认证中

B．服务器针对一个终端的Portal认证只会给一个Portal设备发送认证消息

C．交换机收到Portal、上线消息，会给RADIUS服务器发送RADIUS认证请求

D．Portal认证消息中不会携带安全检查的结果

（3）在FAT AP组网模式下，AC实际上起的是（　　）功能，主要负责与Portal配合推送Portal页面，并根据Portal回传的用户口令要求RADIUS进行认证。

A．BAS　　B．Router　　C．Switch　　D．HUB

（4）Portal协议使用以下哪一报文属性字段作为标识Portal用户的唯一标识（　　）。

A．Port　　B．Session　　C．BAS-IP　　D．UserName

（5）如下为配置AC对接Portal服务器时的配置：

```
[AC]Web-auth-server test Server-ip 10.254.1.100 Port 50200 Shared-key
ciper huaweiurl-template test
```

其中“Port 50200”是指（　　）。

A．向Portal服务器主动发送报文时使用的目的端口号

B．设备上处理Portal协议报文的端口号

C．向Portal服务器主动发送报文时使用的源端口号

D．设备上接收Portal协议报文的端口号

二、能力检测

1．项目背景与分析

无线部署采用AC旁挂三层组网的架构。需要在原有无线网络基础上，部署Portal认证。

2．项目拓扑（见图12-3）

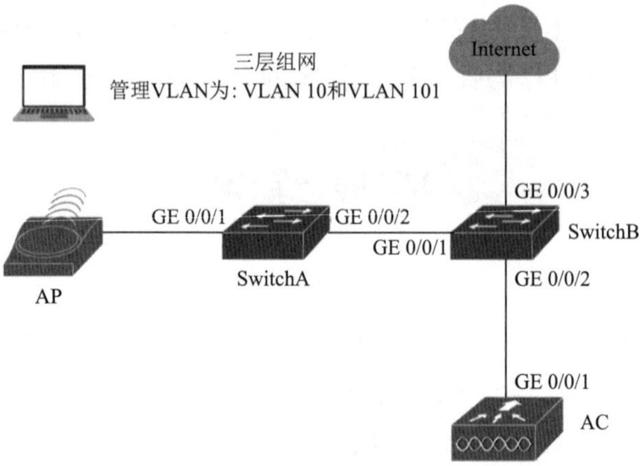

图12-3　拓扑结构

3．项目规划

根据以上拓扑结构图规划连接方式，填写规划表12-6～表12-10。

表12-6　设备规划

设备类型	设备型号	设备命名	系统版本

表 12-7　端口互联规划

设　备	本端端口	对端设备	对端端口

表 12-8　WLAN 规划

设　备	SSID	加密方式	密　钥

表 12-9　IP 及端口规划

设　备	接　口	规　划	备　注

表 12-10　DHCP 规划

地址池名称	地址范围	网　关

4. 实践结果提交

完成实践内容后，将自己制作的拓扑结构图、设备规划表、端口互联规划表、WLAN规划表、IP及端口规划表、DHCP规划表，以及过程截图提交给老师。

实践项目 13

黑白名单

13.1 项目背景

小李所在项目组接到新的任务，为一家公司升级无线网络。该公司已具备无线局域网，但无线网络性能有限，为保障公司员工顺利接入无线网络，避免无关人员接入无线网络、占用WLAN资源，需要在原有网络基础上，增加无线用户黑白名单功能。

13.2 项目分析

在企业环境中，若允许接入的无线用户数量相对较少，可以使用白名单功能，将员工使用的无线终端设备的MAC地址加入白名单，白名单之外的其他设备无法接入WLAN网络。

若监测到少数无线用户频繁非法接入，需要禁止其接入网络，则可以将其MAC地址加入黑名单，黑名单以外的用户可以正常接入WLAN网络。

13.3 知识准备

1. 白名单

白名单列表中包含了允许接入的无线客户端的MAC地址，用户可以通过命令行进行配置。如果启用了白名单功能，则只有白名单中指定的无线用户可以接入到WLAN网络中，其他的无线用户的所有报文都将被AP直接丢弃，从而减少非法报文对无线网络的冲击。

基于SSID白名单列表包含了指定SSID允许接入的无线客户端的MAC地址，用户可以通过命令行进行配置。如果启用了基于SSID白名单功能，则在该SSID子集内，只有白名单中指定的无线用户可以接入，其他无线用户的所有报文都将被AP直接丢弃，从而减少非法报文对无线网络的冲击。

2. 黑名单

静态黑名单列表中包含了拒绝接入的无线客户端的MAC地址，用户可以通过命令行进行配置。如果启用了静态黑名单功能，则黑名单中指定的无线用户的所有报文都将被AP丢弃。

基于SSID黑名单列表包含了指定SSID拒绝接入的无线客户端的MAC地址，用户可以通过命令行进行配置。如果启用了基于SSID黑名单功能，则在该SSID子集内，黑名单中指定的无线用户的所有报文都将被AP丢弃。

13.4 项目拓扑

项目拓扑结构如图13-1所示。

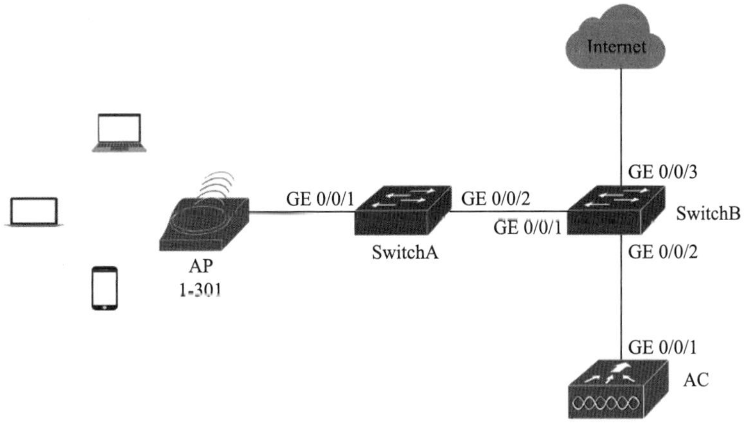

图 13-1　拓扑结构

13.5 项目规划

根据图13-1规划连接方式，规划详情见表13-1～表13-5。

表 13-1　设备规划

设备类型	设备型号	设备命名	系统版本
FIT AP	HUAWEI WA5530	1-301	Version 5.160
交换机	HUAWEI S3700	SwitchA	Version 5.110
交换机	HUAWEI S3700	SwitchB	Version 5.110
AC	HUAWEI AC6605	AC	Version 5.160

表 13-2 端口互联规划

设 备	本端端口	对端设备	对端端口
SwitchA	GE 0/0/1	AP	以太网口（poe）
SwitchA	GE 0/0/2	SwitchB	GE 0/0/1
SwitchB	GE 0/0/1	SwitchA	GE 0/0/2
SwitchB	GE 0/0/2	AC	GE 0/0/1
SwitchB	GE 0/0/3	上层网络	—

表 13-3 WLAN 规划

设 备	SSID	加密方式	密 钥
AC	fitap001	WPA-WPA2+PSK+AES	abc12345

表 13-4 IP 及端口规划

设 备	接 口	规 划	备 注
SwitchA	GE 0/0/1	Trunk（设置PVID 100）	允许VLAN 100通过
SwitchA	GE 0/0/2	Trunk	允许VLAN 100通过
SwitchB	GE 0/0/1	Trunk	允许VLAN 100通过
SwitchB	GE 0/0/2	Trunk	允许VLAN 100和VLAN 101通过
SwitchB	GE 0/0/3	Trunk	允许VLAN 101通过
SwitchB	VLANIF 101	10.23.101.1/24	—
AC	GE 0/0/1	Trunk	允许VLAN 100和VLAN 101通过
AC	VLANIF 100	10.23.100.1/24	—

表 13-5 DHCP 规划

所在设备	地址范围	网 关
AC	10.23.100.0/24	10.23.100.1
SwitchB	10.23.101.0/24	10.23.101.2

13.6 实施过程

步骤 1 配置交换机。

（1）配置接入交换机SwitchA的物理接口。

```
[SwitchA] vlan batch 100                          ! 创建VLAN
[SwitchA] interface gigabitethernet 0/0/1
[SwitchA-GigabitEthernet0/0/1] port link-type trunk
[SwitchA-GigabitEthernet0/0/1] port trunk pvid vlan 100
                                                  ! 为AP发送的报文添加VLAN 100标签
[SwitchA-GigabitEthernet0/0/1]port trunk allow-pass vlan 100
                                                  ! 允许VLAN 100通过
```

```
[SwitchA-GigabitEthernet0/0/1] quit
[SwitchA] interface gigabitethernet 0/0/2
[SwitchA-GigabitEthernet0/0/2] port link-type trunk
[SwitchA-GigabitEthernet0/0/2]port trunk allow-pass vlan 100
[SwitchA-GigabitEthernet0/0/2] quit
```

（2）配置交换机SwitchB的接口。

```
[SwitchB] vlan batch 100 101  ！创建VLAN
[SwitchB] interface gigabitethernet 0/0/1
[SwitchB-GigabitEthernet0/0/1] port link-type trunk
[SwitchB-GigabitEthernet0/0/1]port trunk allow-pass vlan 100
[SwitchB-GigabitEthernet0/0/1] quit
[SwitchB] interface gigabitethernet 0/0/2
[SwitchB-GigabitEthernet0/0/2] port link-type trunk
[SwitchB-GigabitEthernet0/0/2]port trunk allow-pass vlan 100 101
[SwitchB-GigabitEthernet0/0/2] quit
[SwitchB] interface gigabitethernet 0/0/3
[SwitchB-GigabitEthernet0/0/3] port link-type trunk
[SwitchB-GigabitEthernet0/0/3]port trunk allow-pass vlan 101
[SwitchB-GigabitEthernet0/0/3] quit
```

步骤2　配置AC。

```
[AC] vlan batch 100 101
[AC] interface gigabitethernet 0/0/1
[AC-GigabitEthernet0/0/1] port link-type trunk
[AC-GigabitEthernet0/0/1]port trunk allow-pass vlan 100 101
[AC-GigabitEthernet0/0/1] quit
```

步骤3　配置DHCP。

（1）配置SwitchB给无线用户分配IP地址。

```
[SwitchB] dhcp enable
[SwitchB] interface vlanif 101
[SwitchB-vlanif1001] ip address 10.23.101.1 24
[SwitchB-vlanif101] dhcp select interface
[SwitchB-vlanif101] quit
```

（2）配置AC给AP分配IP地址。

```
[AC] dhcp enable
```

```
[AC] interface vlanif 100
[AC-vlanif100] ip address 10.23.100.1 24
[AC-vlanif100] dhcp select interface
[AC-vlanif100] quit
```

步骤4 配置AC的WLAN业务参数。

（1）配置AC系统参数。

```
[AC] wlan
[AC-wlan-view] ap-group name test
[AC-wlan-ap-group-test] quit
[AC-wlan-view] regulatory-domain-profile name test
[AC-wlan-regulate-domain-test] country-code cn
[AC-wlan-regulate-domain-test] quit
[AC-wlan-view] ap-group name test
[AC-wlan-ap-group-test] regulatory-domain-profile test
Warning: Modifying the country code will clear channel, power and antenna
gain configurations of the radio and reset the AP. Continue?[Y/N]:y
[AC-wlan-ap-group-test] quit
[AC-wlan-view] quit
[AC] capwap source interface vlanif 100
```

（2）在AC上管理AP。

```
[AC-wlan-view] ap auth-mode mac-auth
[AC-wlan-view] ap-id 0 ap-mac 0c20-a4b3-f3d0
[AC-wlan-ap-0] ap-name 1-301
[AC-wlan-ap-0] ap-group test
Warning: This operation may cause AP reset. If the country code changes,
it will clear channel, power and antenna gain configurations of the radio,
Whether to continue? [Y/N]:y
[AC-wlan-ap-0] quit
```

将AP上电后，当执行命令display ap all，查看到AP的“State”字段为“nor”时，表示AP正常上线。

```
[AC-wlan-view] display ap all
Total AP information:
nor  : normal            [1]
Extra information:
P  : insufficient power supply
--------------------------------------------------------------------------
```

```
ID MAC            Name  Group IP            Type     State STA Uptime
------------------------------------------------------------------------
0  0c20-a4b3-f3d0 1-301 test  10.23.100.254 AP5030DN nor   0   10S
------------------------------------------------------------------------
Total: 1
```

（3）配置AC的WLAN业务参数。

```
[AC-wlan-view] security-profile name test！创建名为test的安全模板，并配置安全策略
[AC-wlan-sec-prof-test] security wpa-wpa2 psk pass-phrase abc12345 aes
[AC-wlan-sec-prof-test] quit
[AC-wlan-view] ssid-profile name test
         ！创建名为“test”的SSID模板，并配置SSID名称为“fitap001”
[AC-wlan-ssid-prof-test] ssid fitap001
[AC-wlan-ssid-prof-test] quit
[AC-wlan-view] vap-profile name test
         ！创建VAP模板，配置业务数据转发模式、业务VLAN，引用安全模板和SSID模板
[AC-wlan-vap-prof-test] forward-mode tunnel
         ！隧道转发，注意交换机B各接口允许通过的VLAN
[AC-wlan-vap-prof-test] service-vlan vlan-id 101
[AC-wlan-vap-prof-test] security-profile test
[AC-wlan-vap-prof-test] ssid-profile test
[AC-wlan-vap-prof-test] quit
[AC-wlan-view] ap-group name test
         ！配置AP组引用VAP模板，AP上射频0和射频1都使用VAP模板test的配置。
[AC-wlan-ap-group-test] vap-profile test wlan 1 radio 0
[AC-wlan-ap-group-test] vap-profile test wlan 1 radio 1
[AC-wlan-ap-group-test] quit
```

步骤5　配置VAP方式的无线用户白名单。

（1）创建名为whitelist001的白名单模板，将无线用户的MAC地址加入白名单。

```
[AC-wlan-view] sta-whitelist-profile name whitelist001
[AC-wlan-whitelist-prof-whitelist001] sta-mac 0000-0000-0001
                                          ！据实际MAC地址填写
[AC-wlan-whitelist-prof-whitelist001] sta-mac 0000-0000-0002
                                          ！据实际MAC地址填写
[AC-wlan-whitelist-prof-whitelist001] quit
```

（2）在VAP模板test中引用白名单模板，使白名单在VAP范围内有效。

```
[AC-wlan-view] vap-profile name test
[AC-wlan-vap-prof-test] sta-access-mode whitelist whitelist001
[AC-wlan-vap-prof-test] quit
```

对于同一个VAP或者同一个AP，白名单和黑名单不能同时配置，即同一个VAP模板或同一个AP系统模板内，白名单或黑名单仅一种生效，所以下面配置全局方式的黑名单。

步骤6 配置全局方式的无线用户黑名单。

（1）创建名为blacklist001的黑名单模板，将无线用户的MAC地址加入黑名单。

```
[AC-wlan-view] sta-blacklist-profile name blacklist001
[AC-wlan-blacklist-prof-blacklist001] sta-mac 0000-0000-0003
                                                    ！据实际MAC地址填写
[AC-wlan-blacklist-prof-blacklist001] sta-mac 0000-0000-0004
                                                    ！据实际MAC地址填写
[AC-wlan-blacklist-prof-blacklist001] quit
```

（2）创建名为test的AP系统模板，并引用黑名单模板，使黑名单在AP范围内有效。

```
[AC-wlan-view] ap-system-profile name test
[AC-wlan-ap-system-prof-test] sta-access-mode blacklist blacklist001
[AC-wlan-ap-system-prof-test] quit
```

（3）在AP组test中引用AP系统模板test。

```
[AC-wlan-view] ap-group name test
[AC-wlan-ap-group-test] ap-system-profile test
[AC-wlan-ap-group-test] quit
```

13.7 项目验证

无线接入用户可以搜索到SSID标识为fitap001的WLAN网络。

实验证明，MAC地址为0000-0000-0001和0000-0000-0002可以接入WLAN网络，MAC地址为0000-0000-0003和0000-0000-0004无法接入WLAN网络。

拓 展 练 习

一、知识检测

（1）无线用户连上无线信号点后，无法获取IP地址，可能的原因是（　　）。

A. 用户设备的MAC地址已经被加入白名单

B. 没有配置DHCP

C．用户指定的认证密码不正确

D．用户设备的MAC地址已经被加入黑名单

（2）下面关于AP接入控制的方式，说法正确的是（　　）。

A．默认情况下AP接入AC的控制方式为白名单

B．默认情况下AP接入AC的控制方式为黑名单

C．配置白名单可以基于MAC来认证，也可以基于SN来认证

D．如果AP接入控制采用了MAC认证，则黑名单失效

（3）对于同一个VAP或者同一个AP，白名单和黑名单不能同时配置，即同一个VAP模板或同一个AP系统模板内，白名单或黑名单仅一种生效。该说法是（　　）的。

A．是　　　　B．否

二、能力检测

1．项目背景与分析

将大学生创业孵化基地的无线网络进行升级，在原有无线网络结构的基础上，配置无线用户的黑白名单，保证无线网络的安全性。各端口配置的更改务必加以分析说明。

2．项目拓扑（见图13-2）

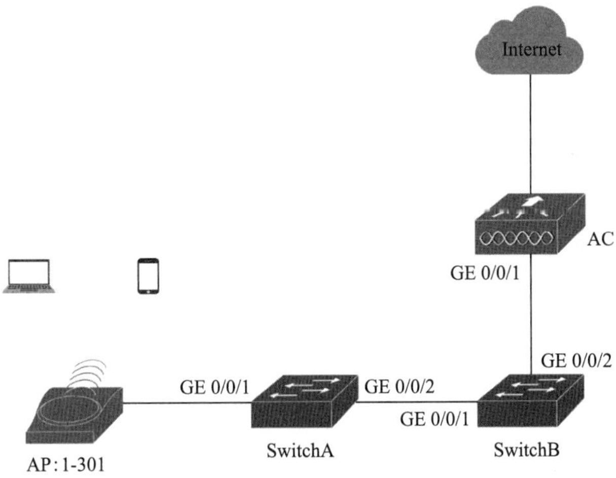

图13-2　拓扑结构

3．项目规划

根据以上拓扑结构图规划连接方式，填写规划表13-6～表13-10。

表13-6　设备规划

设备类型	设备型号	设备命名	系统版本

表 13-7　端口互联规划

设　备	本端端口	对端设备	对端端口

表 13-8　WLAN 规划

设　备	SSID	加密方式	密　钥

表 13-9　IP 及端口规划

设　备	接　口	规　划	备　注

表 13-10　DHCP 规划

地址池名称	地址范围	网　关

4. 实践结果提交

成实践内容后，将自己制作的拓扑结构图、设备规划表、端口互联规划表、WLAN规划表、IP及端口规划表、DHCP规划表，以及过程截图提交给老师。

实践项目 14

基于 ACL 的报文过滤

14.1 项目背景

小李所在项目组接到新的任务，为一家公司升级无线网络。该公司已具备无线局域网，但无线网络性能有限，为阻止不必要的报文占用带宽或产生安全问题，实现对网络流量的控制，需要在原有网络基础上，增加基于ACL的报文过滤功能。

14.2 项目分析

traffic-profile（流量模板）是WLAN中用于控制报文流量的功能模块，默认情况下，系统存在名为default的流量模板。同一个方向上最多只能配置八条基于ACL的报文过滤规则，实际生效的次序以配置的先后次序为准，如果需要更改当前的报文过滤规则，需要删除所有相关配置并重新配置基于ACL的报文过滤。

如果同一个流量模板下配置多条同方向基于ACL的报文过滤命令时，报文按照命令的配置顺序来匹配，命中一条就执行相应的策略，并停止匹配；否则继续匹配下一条，如果全部未命中则直接允许报文通过。

14.3 知识准备

1. 访问控制列表

访问控制列表ACL（access control list）是由一条或多条规则组成的集合。所谓规则，是指描述报文匹配条件的判断语句，这些条件可以是报文的源地址、目的地址、端口号等。

ACL本质上是一种报文过滤器，规则是过滤器的滤芯。设备基于这些规则进行报文匹配，可以过滤出特定的报文，并根据应用ACL的业务模块的处理策略来允许或阻止该报文通过。

2. 访问控制列表的基本组成

（1）ACL标识：使用数字或者名称来标识ACL。

（2）使用数字标识ACL：不同类型的ACL使用不同的数字进行标识。关于每类ACL编号的详细介绍，请参见ACL的分类。

（3）使用名称标识ACL：可以使用字符来标识ACL，就像用域名代替IP地址一样，更加方便记忆。

（4）规则：即描述匹配条件的判断语句。

（5）规则编号：用于标识ACL规则，所有规则均按照规则编号从小到大进行排序。

（6）动作：包括permit/deny两种动作，表示设备对所匹配的数据包接受或者丢弃。

（7）匹配项：ACL定义了极其丰富的匹配项。包括生效时间段、IP协议（ICMP、TCP、UDP等）、源/目的地址，以及相应的端口号。

3. 访问控制列表的使用步骤

（1）设置相应的ACL规则。为ACL设置相关规则的时候，需要了解入口流量与出口流量，入口流量指的是进入设备（以路由器为例）接口的流量（无论来源是外部Internet还是内部网络），同理，出口流量指的是从设备接口流出的流量。

（2）将ACL应用在相应的设备接口的特定方向（in/out）上。规则设置完成后，需要将ACL应用在设备的接口上才能正常工作。

14.4 项目拓扑

项目拓扑结构如图14-1所示。

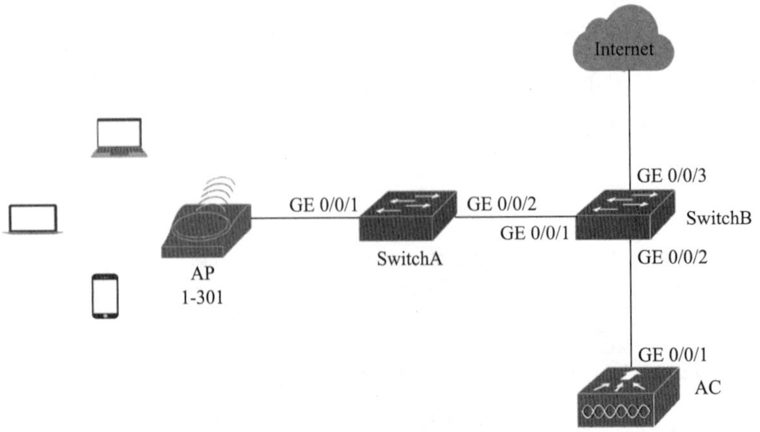

图14-1 拓扑结构

14.5 项目规划

根据图 14-1 规划连接方式，规划详情见表 14-1～表 14-5。

表 14-1　设备规划

设备类型	设备型号	设备命名	系统版本
FIT AP	HUAWEI WA5530	1-301	Version 5.160
交换机	HUAWEI S3700	SwitchA	Version 5.110
交换机	HUAWEI S3700	SwitchB	Version 5.110
AC	HUAWEI AC6605	AC	Version 5.160

表 14-2　端口互联规划

设　备	本端端口	对端设备	对端端口
SwitchA	GE 0/0/1	AP	以太网口（poe）
SwitchA	GE 0/0/2	SwitchB	GE 0/0/1
SwitchB	GE 0/0/1	SwitchA	GE 0/0/2
SwitchB	GE 0/0/2	AC	GE 0/0/1
SwitchB	GE 0/0/3	上层网络	—

表 14-3　WLAN 规划

设　备	SSID	加密方式	密　钥
AC	fitap001	WPA-WPA2+PSK+AES	abc12345

表 14-4　IP 及端口规划

设　备	接　口	规　划	备　注
SwitchA	GE 0/0/1	Trunk（设置 PVID 100）	允许 VLAN 100 通过
SwitchA	GE 0/0/2	Trunk	允许 VLAN 100 通过
SwitchB	GE 0/0/1	Trunk	允许 VLAN 100 通过
SwitchB	GE 0/0/2	Trunk	允许 VLAN 100 和 VLAN 101 通过
SwitchB	GE 0/0/3	Trunk	允许 VLAN 101 通过
AC	GE 0/0/1	Trunk	允许 VLAN 100 和 VLAN 101 通过
AC	VLANIF 100	10.23.100.1/24	—

表 14-5　DHCP 规划

所在设备	地址范围	网　关
AC	10.23.100.0/24	10.23.100.1
SwitchB	10.23.101.0/24	10.23.101.1

14.6 实施过程

步骤1 配置交换机。

（1）配置接入交换机SwitchA的物理接口。

```
[SwitchA] vlan batch 100        ！创建VLAN
[SwitchA] interface gigabitethernet 0/0/1
[SwitchA-GigabitEthernet0/0/1] port link-type trunk
[SwitchA-GigabitEthernet0/0/1] port trunk pvid vlan 100
                                ！为AP发送的报文添加VLAN 100标签
[SwitchA-GigabitEthernet0/0/1]port trunk allow-pass vlan 100
                                ！允许VLAN 100通过
[SwitchA-GigabitEthernet0/0/1] quit
[SwitchA] interface gigabitethernet 0/0/2
[SwitchA-GigabitEthernet0/0/2] port link-type trunk
[SwitchA-GigabitEthernet0/0/2]port trunk allow-pass vlan 100
[SwitchA-GigabitEthernet0/0/2] quit
```

（2）配置交换机SwitchB的接口。

```
[SwitchB] vlan batch 100 101  ！创建VLAN
[SwitchB] interface gigabitethernet 0/0/1
[SwitchB-GigabitEthernet0/0/1] port link-type trunk
[SwitchB-GigabitEthernet0/0/1]port trunk allow-pass vlan 100
[SwitchB-GigabitEthernet0/0/1] quit
[SwitchB] interface gigabitethernet 0/0/2
[SwitchB-GigabitEthernet0/0/2] port link-type trunk
[SwitchB-GigabitEthernet0/0/2]port trunk allow-pass vlan 100 101
[SwitchB-GigabitEthernet0/0/2] quit
[SwitchB] interface gigabitethernet 0/0/3
[SwitchB-GigabitEthernet0/0/3] port link-type trunk
[SwitchB-GigabitEthernet0/0/3]port trunk allow-pass vlan 101
[SwitchB-GigabitEthernet0/0/3] quit
```

步骤2 配置AC。

```
[AC] vlan batch 100 101
[AC] interface gigabitethernet 0/0/1
[AC-GigabitEthernet0/0/1] port link-type trunk
[AC-GigabitEthernet0/0/1]port trunk allow-pass vlan 100 101
[AC-GigabitEthernet0/0/1] quit
```

步骤3　配置DHCP。

（1）配置SwitchB给无线用户分配IP地址。

```
[SwitchB] dhcp enable
[SwitchB] interface vlanif 101
[SwitchB-vlanif1001] ip address 10.23.101.1 24
[SwitchB-vlanif101] dhcp select interface
[SwitchB-vlanif101] quit
```

（2）配置AC给AP分配IP地址。

```
[AC] dhcp enable
[AC] interface vlanif 100
[AC-vlanif100] ip address 10.23.100.1 24
[AC-vlanif100] dhcp select interface
[AC-vlanif100] quit
```

步骤4　配置AC的WLAN业务参数。

（1）配置AC系统参数。

```
[AC] wlan
[AC-wlan-view] ap-group name test
[AC-wlan-ap-group-test] quit
[AC-wlan-view] regulatory-domain-profile name test
[AC-wlan-regulate-domain-test] country-code cn
[AC-wlan-regulate-domain-test] quit
[AC-wlan-view] ap-group name test
[AC-wlan-ap-group-test] regulatory-domain-profile test
Warning: Modifying the country code will clear channel, power and antenna gain configurations of the radio and reset the AP. Continue?[Y/N]:y
[AC-wlan-ap-group-test] quit
[AC-wlan-view] quit
[AC] capwap source interface vlanif 100
```

（2）在AC上管理AP。

```
[AC1-wlan-view] ap auth-mode mac-auth
[AC1-wlan-view] ap-id 0 ap-mac 0c20-a4b3-f3d0
[AC1-wlan-ap-0] ap-name 1-301
[AC1-wlan-ap-0] ap-group test
Warning: This operation may cause AP reset. If the country code changes, it will clear channel, power and antenna gain configurations of the radio, Whether to continue? [Y/N]:y
```

```
[AC1-wlan-ap-0] quit
```

将AP上电后，当执行命令display ap all，查看到AP的“State”字段为“nor”时，表示AP正常上线。

```
[AC-wlan-view] display ap all
Total AP information:
nor  : normal          [1]
Extra information:
P  : insufficient power supply
-----------------------------------------------------------------------
ID  MAC            Name   Group IP             Type      State STA Uptime
-----------------------------------------------------------------------
0   0c20-a4b3-f3d0 1-301 test  10.23.100.254  AP5030DN  nor   0   10S
-----------------------------------------------------------------------
Total: 1
```

（3）配置AC的WLAN业务参数。

```
[AC-wlan-view] security-profile name test
         ！创建名为test的安全模板，并配置安全策略
[AC-wlan-sec-prof-test] security wpa-wpa2 psk pass-phrase abc12345 aes
[AC-wlan-sec-prof-test] quit
[AC-wlan-view] ssid-profile name test
         ！创建名为test的SSID模板，并配置SSID名称为“fitap001”
[AC-wlan-ssid-prof-test] ssid fitap001
[AC-wlan-ssid-prof-test] quit
[AC-wlan-view] vap-profile name test
         ！创建VAP模板，配置业务数据转发模式、业务VLAN，引用安全模板和SSID模板
[AC-wlan-vap-prof-test] forward-mode tunnel
         ！隧道转发，注意交换机B各接口允许通过的VLAN
[AC-wlan-vap-prof-test] service-vlan vlan-id 101
[AC-wlan-vap-prof-test] security-profile test
[AC-wlan-vap-prof-test] ssid-profile test
[AC-wlan-vap-prof-test] quit
[AC-wlan-view] ap-group name test
         ！配置AP组引用VAP模板，AP上射频0和射频1使用VAP模板test的配置
[AC-wlan-ap-group-test] vap-profile test wlan 1 radio 0
[AC-wlan-ap-group-test] vap-profile test wlan 1 radio 1
[AC-wlan-ap-group-test] quit
```

步骤5 配置基于ACL的报文过滤。

（1）创建ACL 3001，禁止源IP地址为10.23.101.10和目的IP地址为10.23.101.11的报文通过。

```
[AC] acl 3001
[AC-acl-adv-3001] rule deny ip source 10.23.101.10 0 destination 10.23.101.11 0
[AC-acl-adv-3001] quit
```

（2）创建名为test的流量模板，并引用ACL。

```
[AC] wlan
[AC-wlan-view] traffic-profile name test
[AC-wlan-traffic-prof-test] traffic-filter inbound ipv4 acl 3001
[AC-wlan-traffic-prof-test] quit
```

（3）在VAP模板test中引用流量模板test。

```
[AC-wlan-view] vap-profile name test
[AC-wlan-vap-prof-test] traffic-profile test
Warning: This action may cause service interruption. Continue?[Y/N]y
[AC-wlan-vap-prof-test] quit
```

14.7 项目验证

在AC上执行命令display traffic-profile name test，可以看到流量模板下已经配置了基于ACL 3001的报文过滤，因此，源IP地址为10.23.101.10和目的IP地址为10.23.101.11的报文将不能通过。

```
[AC-wlan-view] display traffic-profile name test
------------------------------------------------------------------------
--Traffic Type                        Direction   AppliedRecord
------------------------------------------------------------------------
--Traffic-filter                      inbound     IPv4 ACL 3001
------------------------------------------------------------------------
```

拓 展 练 习

一、知识检测

（1）同一个用户VLAN且同一个SSID的无线用户都可以访问互联网，但是他们之间都不可以相互访问，造成这种现象的原因可能是（　　）。

A. 用户的网关设备上配置了ACL，阻止了用户之间的相互访问

B．AC上配置了ACL，阻止了用户之间的相互访问

C．接入AP的交换机上配置的端口隔离，阻止了用户之间的相互访问

D．无线service-set上配置了用户隔离，阻止了用户之间的相互访问

（2）ACL与IP前缀列表的区别是（　　）。

A．ACL不仅可以用于匹配路由信息，也可以用来匹配数据

B．ACL可以区别前缀相同但是掩码不同的路由

C．IP-Prefix前缀列表不仅可以用于匹配路由信息，也可以用来匹配数据

D．IP-Prefix可以区别前缀相同但是掩码不同的路由

（3）关于ACL规则匹配描述正确的是（　　）。

A．ACL规则匹配是明细匹配

B．ACL规则匹配遵循从上往下匹配原则

C．ACL功能不支持选择入接口

D．ACL列表中最后默认隐藏1条是拒绝所有

（4）ACL的匹配规则顺序可以不按照用户配置的ACL的规则的先后顺序进行匹配，该描述是（　　）的。

A．正确　　　　B．错误

二、能力检测

1．项目背景与分析

将大学生创业孵化基地的无线网络进行升级，在原有无线网络结构的基础上，配置基于ACL的报文过滤功能，保证无线网络的安全性。各端口配置的更改务必加以分析说明。

2．项目拓扑（见图14-2）

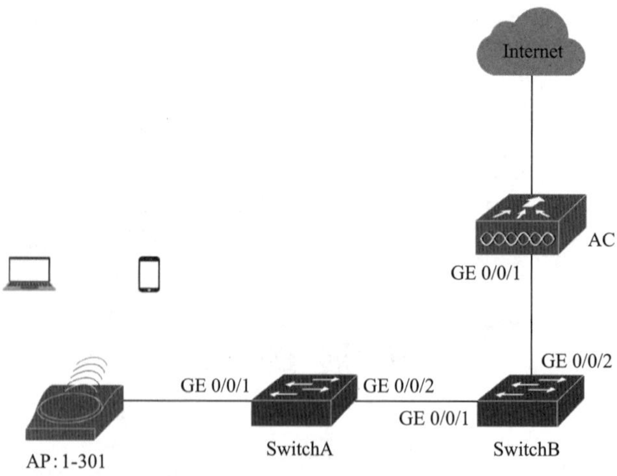

图14-2　拓扑结构

3. 项目规划

根据以上拓扑结构图规划连接方式，填写规划表14-6～表14-10。

表14-6　设备规划

设备类型	设备型号	设备命名	系统版本

表14-7　端口互联规划

设　备	本端端口	对端设备	对端端口

表14-8　WLAN规划

设　备	SSID	加密方式	密　钥

表14-9　IP及端口规划

设　备	接　口	规　划	备　注

表14-10　DHCP规划

地址池名称	地址范围	网　关

4. 实践结果提交

完成实践内容后，将自己制作的拓扑结构图、设备规划表、端口互联规划表、WLAN规划表、IP及端口规划表、DHCP规划表，以及过程截图提交给老师。

实践项目 15

负载均衡

15.1 项目背景

小李所在项目组收到客户反馈，公司部署的WLAN在使用过程中出现网速变慢、业务中断的现象。经过现场检测，小李发现无线客户在接入WLAN或者切换AP的时候，是随机的，经常会出现相邻两个AP业务承载差异较大的情况，导致一个AP负载较高，而另外一个AP负载较低，负载分担非常不平衡。因此，小李决定在原有WLAN基础上配置均衡负载。

15.2 项目分析

由于用户使用终端行为的差异，可能出现相邻的两个AP业务承载差异较大的情况，若将用户分配到同一组但负载不同的AP上，实现不同AP之间的负载分担，从而避免出现单个AP负载过高而使其性能不稳的情况。

在无线用户与AP进行关联的过程中，AC负责执行负载均衡。AP周期性地向AC发送与其关联的无线用户的信息，AC根据这些信息执行负载均衡过程。启动负载均衡功能的AP必须连接到同一AC上，且无线用户能够扫描到相互进行负载均衡的AP。当无线用户发送关联请求时，AC检查AP上连接的无线用户是否达到设定负载的阈值。如果小于该阈值，则当前请求的连接将被接受；否则，将基于负载均衡的配置，决定当前连接是否被接受。

15.3 知识准备

1. 静态负载均衡与动态负载均衡

静态负载均衡是将提供相同业务的一些AP通过手工配置加入到一个负载均衡组中。当无线用户接入WLAN网络后，AC根据负载均衡算法综合衡量终端的双频能力、AP的负载和信号质量，引导终端接入更优的AP。如果是多频AP，则相同频段的射频之间可以实现负载均衡。静态负载均衡限制AP射频的个数，并且仅允许同一个频段的射频加入到负载均衡组内。静态负载均衡组需要手工指定，效果较差。

动态负载均衡解决方案解决了静态负载均衡的弊端，在动态负载均衡模式下，无线用户接入AP后，由AC检查此无线用户接入的AP是否达到负载均衡门限，并根据负载均衡算法决定是否将此无线用户迁移到满足负载均衡参数的某个邻居AP。

2. 负载均衡的模式

（1）流量模式。

以各AP射频的流量差值作为判断依据。流量模式的负载均衡算法通过计算出均衡组内所有成员的负载百分比，得到最小值。然后取无线用户拟加入的AP射频的负载百分比与最小值的差值，并将此差值跟设置的负载差值门限进行比较，如果差值小于预设置的负载差值门限，则认为负载均衡，允许该无线用户接入；否则，认为负载不均衡，拒绝无线用户接入。如果无线用户继续向此AP发送关联请求，重复次数大于设置的最大关联次数，则最终还是允许无线用户接入。

（2）会话模式。

以各射频下的无线用户数目差值作为判断依据。通过计算均衡组内所有成员的负载百分比，得到最小值。然后取无线用户拟加入的AP射频的负载百分比与最小值的差值，并将此差值跟设置的负载差值门限比较，如果差值小于预设置的负载差值门限，则认为负载均衡，允许该无线用户接入；否则，认为负载不均衡，拒绝无线用户接入。如果无线用户继续向此AP发送关联请求，重复次数大于设置的最大关联次数，则最终还是允许无线用户接入。

一般推荐采取会话模式，即各射频下的无线客户端数目差值来实现AP的负载均衡。在这种情况下，需要预先在AC上配置AP的负载差值门限值，即各射频下的无线客户端数目差值。当各射频下的无线客户端数目差值高于门限值时，AP开始运行负载均衡，拒绝任何尝试连接的用户；当各射频下的无线客户端数目差值低于门限值时，AP会接受尝试连接的用户的连接请求，关联该用户。

15.4 项目拓扑

项目拓扑结构如图 15-1 所示。

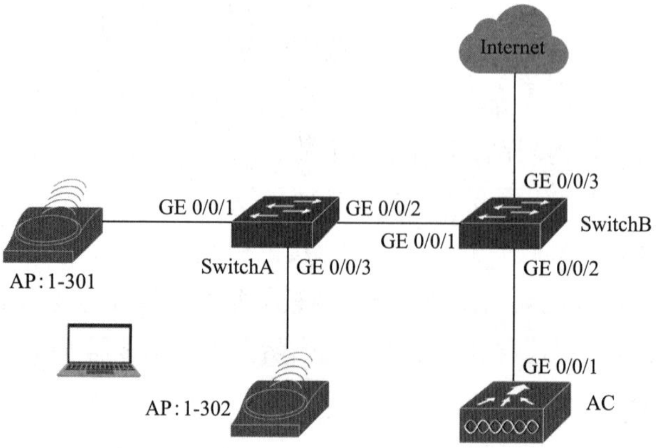

图 15-1　拓扑结构

15.5 项目规划

根据图 15-1 规划连接方式，规划详情见表 15-1～表 15-5。

表 15-1　设备规划

设备类型	设备型号	设备命名	系统版本
AP	AP8130DN	1-301	Version 5.160
交换机	HUAWEI S5700	SwitchA	Version 5.110
交换机	HUAWEI S3700	SwitchB	Version 5.110
AC	HUAWEI AC6605	AC	Version 5.160

表 15-2　端口互联规划

设　备	本端端口	对端设备	对端端口
SwitchA	GE 0/0/1	AP	GE 0/0/1
SwitchA	GE 0/0/2	SwitchB	GE 0/0/1
SwitchA	GE 0/0/3	AP	GE 0/0/1
SwitchB	GE 0/0/1	SwitchA	GE 0/0/2
SwitchB	GE 0/0/2	AC	GE 0/0/1

表 15-3　WLAN 规划

设　备	SSID	加密方式	密　钥
AC	fitap001	WPA-WPA2+PSK+AES	abc12345

15.6 实施过程

这里只介绍如何在AC端配置负载均衡，其他配置细节可参照前面章节自行配置。

步骤1 配置基于用户数的静态负载均衡功能，避免单个AP负载过重。

在配置负载均衡功能之前，假设当前AP 1-301上接入用户数为30，AP 1-302上的接入用户数为10。

（1）创建静态负载均衡组，将AP 1-301和AP 1-302加入静态负载均衡。

```
[AC] wlan
[AC-wlan-view] sta-load-balance static-group name wlan-static
[AC-wlan-sta-lb-static-wlan-static] member ap-name 1-301
[AC-wlan-sta-lb-static-wlan-static] member ap-name 1-302
```

（2）配置静态负载均衡模式及参数。

```
[AC-wlan-sta-lb-static-wlan-static] mode sta-number
                  ！配置基于用户数的静态负载均衡模式
[AC-wlan-sta-lb-static-wlan-static] sta-number start-threshold 10
[AC-wlan-sta-lb-static-wlan-static] sta-number gap-threshold percentage 5
                  ！指定基于用户数的静态负载均衡起始阈值为10个，负载均衡差值阈值为5%
[AC-wlan-sta-lb-static-wlan-static] quit
```

（3）验证配置结果。

在AC上执行命令display sta-load-balance static-group name wlan-static，可以查看到静态负载均衡的相关信息。

```
[AC-wlan-view] display sta-load-balance static-group name wlan-static
------------------------------------------------------------------------
Group name                                    : wlan-static
Load-balance status                           : balance
Load-balance mode                             : sta-number
Deny threshold                                : 3
Sta-number start threshold                    : 10
Sta-number gap threshold(percentage)          : 5
Sta-number gap threshold(number)              : -
Channel-utilization start threshold(%)        : 50
Channel-utilization gap threshold(%)          : 20
------------------------------------------------------------------------
RfID: Radio ID
CurEIRP: Current EIRP (dBm)
Act CH: Actual channel, Cfg CH: Config channel, CU: Channel utilization
```

```
--------------------------------------------------------------------------
AP ID  AP Name  RfID  Act CH/Cfg CH  CurEIRP/MaxEIRP  Client CU
--------------------------------------------------------------------------
0      area_1   0     6/-            20/28            10     37%
0      area_1   1     153/-          29/29            20     45%
1      area_2   0     1/-            20/28            5      15%
1      area_2   1     149/-          29/29            5      5%
--------------------------------------------------------------------------
Total: 4
```

新用户想连接到AP 1-301时，AC会根据AP的上报情况执行静态负载均衡算法，让新用户接入负载相对较小的AP 1-302。

（4）AC的配置文件。

```
#
sysname AC
#
wlan
 sta-load-balance static-group name wlan-static
  sta-number gap-threshold percentage 5
  member ap-id 0 radio 0
  member ap-id 0 radio 1
  member ap-id 1 radio 0
  member ap-id 1 radio 1
  sta-number start-threshold 10
#
return
```

步骤2 配置动态负载均衡功能。

（1）创建RRM模板test，在RRM模板test使能动态负载均衡功能，并指定动态负载均衡的起始门限为15个，差值门限为25%。

```
[AC] wlan
[AC-wlan-view] rrm-profile name test ！RRM模版
[AC-wlan-rrm-prof-test] sta-load-balance dynamic enable ！动态负载均衡
[AC-wlan-rrm-prof-test] sta-load-balance dynamic sta-number start-threshold 15
                                        ！到达15个无线用户后启动负载均衡功能
[AC-wlan-rrm-prof-test] sta-load-balance dynamic sta-number gap-threshold
percentage 25                           ！各AP负载差达到25%后，启动负载均衡
[AC-wlan-rrm-prof-test] quit
```

（2）创建2G射频模板wlan-radio2g，并在该模板下引用RRM模板test。

```
[AC-wlan-view] radio-2g-profile name wlan-radio2g
[AC-wlan-radio-2g-prof-wlan-radio2g] rrm-profile test
[AC-wlan-radio-2g-prof-wlan-radio2g] quit
```

（3）创建5G射频模板wlan-radio5g，并在该模板下引用RRM模板test。

```
[AC-wlan-view] radio-5g-profile name wlan-radio5g
[AC-wlan-radio-5g-prof-wlan-radio5g] rrm-profile test
[AC-wlan-radio-5g-prof-wlan-radio5g] quit
```

（4）在名为test的AP组下引用5G射频模板wlan-radio5g和2G射频模板wlan-radio2g。

```
[AC-wlan-view] ap-group name test
[AC-wlan-ap-group-test] radio-5g-profile wlan-radio5g radio 1
[AC-wlan-ap-group-test] radio-2g-profile wlan-radio2g radio 0
[AC-wlan-ap-group-test] quit
```

15.7 项目验证

在AC上执行命令display rrm-profile name test，可以查看到动态负载均衡的配置。

```
[AC-wlan-view] display rrm-profile name test
------------------------------------------------------------------
...Station load balance                                    : enable
Station load balance start threshold                       : 15
Station load balance gap threshold(percentage)             : 25
...
------------------------------------------------------------------
```

在AC上执行命令display station load-balance sta-mac e019-1dc7-1e08，查看参与动态负载均衡的AP射频。

```
[AC-wlan-view] display station load-balance sta-mac e019-1dc7-1e08
Station load balance status: balance
------------------------------------------------------------------
AP name                          Radio ID
------------------------------------------------------------------
1-301                            1
1-301                            0
1-302                            1
```

```
1-302                              0
------------------------------------------------------------------------
Total: 4
```

新用户想连接到AP 1-301时，AC会根据AP的上报情况执行动态负载均衡算法，让新用户接入负载相对较小的AP 1-302。

AC的配置文件如下：

```
#
 sysname AC
#
wlan
 rrm-profile name wlan-net
  sta-load-balance dynamic enable
  sta-load-balance dynamic start-threshold 15
  sta-load-balance dynamic gap-threshold percentage 25
 radio-2g-profile name wlan-radio2g
  rrm-profile wlan-net
 radio-5g-profile name wlan-radio5g
  rrm-profile wlan-net
 ap-group name ap-group1
  radio 0
   radio-2g-profile wlan-radio2g
   vap-profile wlan-net wlan 1
  radio 1
   radio-5g-profile wlan-radio5g
   vap-profile wlan-net wlan 1
#
return
```

拓展练习

一、知识检测

（1）负载均衡判断方式不包括下列选项中的（　　）。

A．流量方式　B．会话模式　C．虚拟切换方式　D．静态方式

（2）关于WLAN，下面说法正确的是（　　）。

A．无线控制器可以通过堆叠实现高可用性

B．AP射频调优功能分全局调优和局部调优两种，其中局部调优是AP独立完成的

C．WLAN负载均衡的切换阈值有基于用户数的和基于会话数的两种配置方式

D. 双链路备份配置后，如果用户采用隧道转发模式，即使活动AC发生故障重新启动，用户业务也不会中断

（3）以下选项中，（　　）是启动负载均衡功能的前提条件。

A. AP属于同一类型

B. AP处于同一AC管理下，并且AP之间信号有重叠

C. STA能够扫描到相互进行负载均衡的AP

D. AP的输出功率设置一致

（4）AC根据（　　）来执行负载均衡过程。

A. AP周期性地向AC发送与其关联的STA的信息

B. STA周期性的上报当前关联的AP标识

C. AC定时查询AP关联的STA数目

D. STA周期性搜索周边的AP信息，并通过关联AP上报AP标识

（5）关于动态负载均衡和静态负载均衡，下列说法不正确的是（　　）。

A. 静态负载均衡是将提供相同业务的一些AP通过手工配置加入到一个负载均衡组中

B. 静态负载均衡需要手动指定，不够灵活

C. 动态负载均衡模式下，负载均衡算法决定是否将STA迁移到满足负载均衡参数的某个邻居AP上

D. 静态负载均衡是手动决定STA迁移到某个邻居AP上的

二、能力检测

1. 项目背景与分析

在已具备无线局域网，且无线部署采用AC直连三层组网的架构的情况下，需要在原有无线网络的基础上，部署动态负载均衡。

2. 项目拓扑（见图15-2）

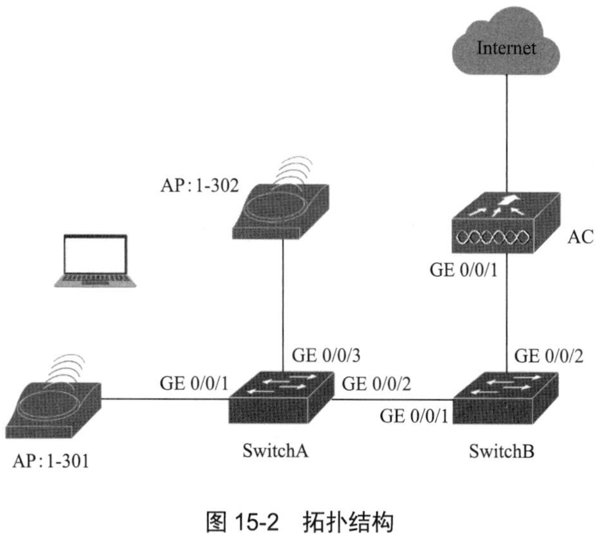

图15-2　拓扑结构

3. 项目规划

根据以上拓扑结构图规划连接方式，填写规划表15-4～表15-8。

表 15-4　设备规划

设备类型	设备型号	设备命名	系统版本

表 15-5　端口互联规划

设　备	本端端口	对端设备	对端端口

表 15-6　WLAN 规划

设　备	SSID	加密方式	密　钥

表 15-7　IP 及端口规划

设　备	接　口	规　划	备　注

表 15-8　DHCP 规划

地址池名称	地址范围	网　关

4. 实践结果提交

完成实践内容后，将自己制作的拓扑结构图、设备规划表、端口互联规划表、WLAN规划表、IP及端口规划表、DHCP规划表，以及过程截图提交给老师。

实践项目 16

双链路冷备份

16.1 项目背景

小李所在项目组接到新的任务，为一家公司升级无线网络。该公司已具备无线局域网，因公司业务升级，无线网络稳定性需求提高，需要稳定、不间断的无线网络服务，因此要在原有网络的基础上，增加冗余备份功能。

16.2 项目分析

该公司原有无线网络属于AC+FIT旁挂二层组网架构，采用的是单AC，最合理的升级方案是增加一个AC，使两个AC互为备份，以双链路冷备份的方式提高无线用户的数据传输可靠性。

16.3 知识准备

1. 双链路备份

在大规模的无线网络中，保障AC的可靠性尤为重要。对于现有的AC＋FIT AP组网，AP依靠CAPWAP隧道协议来发现AC，在AC上注册关联成功后才可以提供服务，而AP靠CAPWAP隧道保活报文（keep alive）检测AC故障的过程要更加耗时。如果一台AC故障，所有AP去另一台AC重新注册，这个过程导致的网络瘫痪时间对企业级网络来说影响巨大。AC双链路备份方案可以有效地提供可靠性保障，确保WLAN网络的业务稳定运行，缩短切换时间，减少故障对网络的影响。

在主备AC之间开启双链路备份功能后，AP上线时分别与主用AC和备用AC都建立CAPWAP隧道。在双链路备份状态下的AP在主用AC上显示为normal状态，在备用AC上显示为standby状态。当主备AC都正常工作时，AP只在主用AC上工作，所有配置只能在主用AC上下发，备用AC上无法下发任何配置。

当由于故障、网络等问题发生导致主用AC不可用时，通过双链路备份机制，AP通过Echo探测检测到与主用AC链路中断，此时AP与备用AC的CAPWAP Echo报文中携带主链路标记，使备用AC上AP状态由standby状态切换为normal状态，备用AC可以给AP下发配置，减少业务所受影响。此时，用户需要重新上线。如果用户使用open或者wep认证方式，则不需要重新上线。

双链路备份技术在网络重要节点提供了高可靠性，保证了业务的稳定，但在应用上存在以下约束：

（1）在主备AC上，WLAN相关的业务配置必须保持一致。

（2）AP能够同时跟主备AC通信。对于二层组网，要求AP和主备AC属于同一个VLAN，同时AP和主备AC的IP地址必须在同一个网段。

（3）如果由AC给AP分配IP地址，则AC分配AP静态IP地址，或只在一台AC上配置IP地址池，或两台AC的IP地址池划分开配置，否则会导致分配的IP地址冲突。

（4）不支持通过AC给无线用户分配IP地址，或者AC作为无线用户的网关。

2．双链路冷备份

通过一个AP与两个AC分别建立主备CAPWAP隧道实现的备份称为双链路冷备份。双链路冷备份的双链路即是指一个AP存在两条CAPWAP隧道。CAPWAP双隧道机制协商出主备AC。主AC管理AP并为AP提供业务服务，备AC做备份，不提供业务服务，且AC间不同步信息。一旦工作中的主AC意外故障，备AC就切换到工作状态顶替主AC工作。无线用户需要重新上线，业务会有短暂中断。

如果有异地容灾需求，即需要在异地分别部署主备AC，且对可靠性要求较低的场景，可以采用双链路冷备份。

3．配置双链路冷备份的方式

（1）AC全局配置。在AC的WLAN视图下配置双链路备份参数，下发给所有AP（指定配置的AP除外），适用于批量创建双链路备份。

（2）AP指定配置。在AC的AP系统模板视图下配置双链路备份参数，适用于对所有引用了此AP系统模板的AP。AP指定配置优先级高于AC全局配置。

16.4 项目拓扑

项目拓扑结构如图16-1所示。

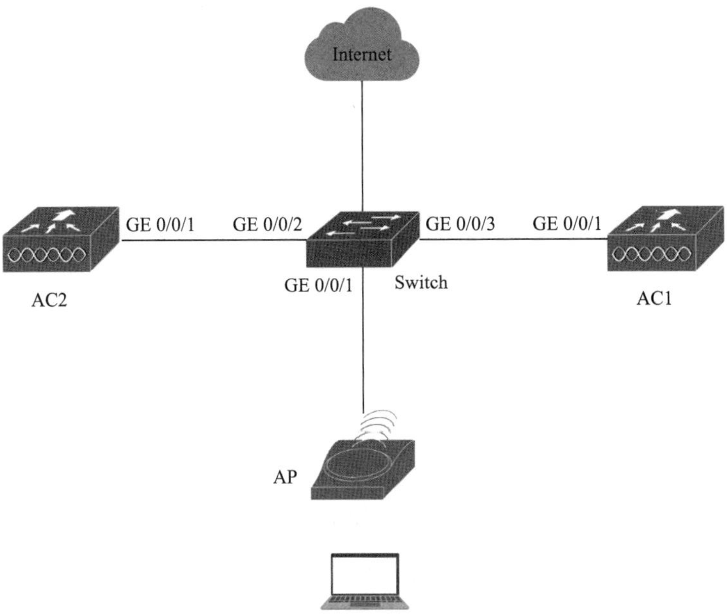

图 16-1　拓扑结构

16.5　项目规划

根据图 16-1 规划连接方式，规划详情见表 16-1～表 16-5。

表 16-1　设备规划

设备类型	设备型号	设备命名	系统版本
FIT AP	HUAWEI WA5530	1-301	Version 5.160
交换机	HUAWEI S3700	SwitchA	Version 5.110
交换机	HUAWEI S3700	SwitchB	Version 5.110
AC	HUAWEI AC6605	AC1	Version 5.160
AC	HUAWEI AC6605	AC2	Version 5.160

表 16-2　端口互联规划

设　备	本端端口	对端设备	对端端口
Switch	GE 0/0/1	AP	GE 0/0/1
Switch	GE 0/0/2	AC2	GE 0/0/1
Switch	GE 0/0/3	AC1	GE 0/0/1

表 16-3　WLAN 规划

设　备	SSID	加密方式	密　钥
AC1	fitap001	WPA-WPA2+PSK+AES	abc12345
AC2	fitap001	WPA-WPA2+PSK+AES	abc12345

表 16-4　IP 及端口规划

设　备	接　口	规　划	备　注
Switch	GE 0/0/1	Trunk	允许VLAN 100和VLAN 101通过
Switch	GE 0/0/2	Trunk	允许VLAN 100通过
Switch	GE 0/0/3	Trunk	允许VLAN 100通过
Switch	VLANIF 100	10.23.100.1/24	——
AC1	GE 0/0/1	Trunk	允许VLAN 100通过
AC1	VLANIF 100	10.23.100.2/24	——
AC2	GE 0/0/1	Trunk	允许VLAN 100通过
AC2	VLANIF 100	10.23.100.3/24	——

表 16-5　DHCP 规划

VLAN	地址范围	网　关
VLAN 100	10.23.100.0/24	10.23.100.1
VLAN 101	10.23.101.0/24	10.23.101.1

16.6 实施过程

步骤 1 配置交换机。

```
[Switch] vlan batch 100 101
[Switch] interface gigabitethernet 0/0/1
[Switch-GigabitEthernet0/0/1] port link-type trunk
[Switch-GigabitEthernet0/0/1] port trunk pvid vlan 100
[Switch-GigabitEthernet0/0/1]port trunk allow-pass vlan 100 101
[Switch-GigabitEthernet0/0/1] quit
[Switch] interface gigabitethernet 0/0/2
[Switch-GigabitEthernet0/0/2] port link-type trunk
[Switch-GigabitEthernet0/0/2]port trunk allow-pass vlan 100
[Switch-GigabitEthernet0/0/2] quit
[Switch] interface gigabitethernet 0/0/3
[Switch-GigabitEthernet0/0/3] port link-type trunk
[Switch-GigabitEthernet0/0/3]port trunk allow-pass vlan 100
[Switch-GigabitEthernet0/0/3] quit
```

步骤 2 配置AC1和AC2的接口。

```
[AC1] vlan batch 100 101
[AC1] interface gigabitethernet 0/0/1
```

```
[AC1-GigabitEthernet0/0/1] port link-type trunk
[AC1-GigabitEthernet0/0/1] port trunk allow-pass vlan 100
[AC1-GigabitEthernet0/0/1] quit
[AC2] vlan batch 100 101
[AC2] interface gigabitethernet 0/0/1
[AC2-GigabitEthernet0/0/1] port link-type trunk
[AC2-GigabitEthernet0/0/1] port trunk allow-pass vlan 100
[AC2-GigabitEthernet0/0/1] quit
```

步骤3　配置DHCP。

```
[Switch] dhcp enable
[Switch] interface vlanif 100
[Switch-vlanif100] ip address 10.23.100.1 255.255.255.0
[Switch-vlanif100] dhcp select interface
[Switch-vlanif100] dhcp server excluded-ip-address 10.23.100.2 10.23.100.3
[Switch-vlanif100] quit
[Switch] interface vlanif 101
[Switch-vlanif101] ip address 10.23.101.1 255.255.255.0
[Switch-vlanif101] dhcp select interface
[Switch-vlanif101] quit
```

步骤4　配置AC1的WLAN基本业务。

（1）配置AP上线。

```
[AC1] wlan
[AC1-wlan-view] ap-group name test
[AC1-wlan-ap-group-test] quit
[AC1-wlan-view] regulatory-domain-profile name test
[AC1-wlan-regulate-domain-test] country-code cn
[AC1-wlan-regulate-domain-test] quit
[AC1-wlan-view] ap-group name test
[AC1-wlan-ap-group-test] regulatory-domain-profile test
Warning: Modifying the country code will clear channel, power and antenna gain configurations of the radio and reset the AP. Continue?[Y/N]:y
[AC1-wlan-ap-group-test] quit
[AC1-wlan-view] quit
[AC1] interface vlanif 100
[AC1-vlanif100] ip address 10.23.100.2 255.255.255.0
[AC1-vlanif100] quit
[AC1] capwap source interface vlanif 100
[AC1] wlan
```

```
[AC1-wlan-view] ap auth-mode mac-auth
[AC1-wlan-view] ap-id 0 ap-mac 0c20-a4b3-f3d0
[AC1-wlan-ap-0] ap-name 1-301
[AC1-wlan-ap-0] ap-group ap-group1
Warning: This operation may cause AP reset. If the country code changes,
it will clear channel, power and antenna gain configurations of the radio,
Whether to continue? [Y/N]:y
[AC1-wlan-ap-0] quit
```

（2）配置WLAN业务参数。

```
[AC1-wlan-view] security-profile name test
[AC1-wlan-sec-prof-test] security wpa-wpa2 psk pass-phrase abc12345 aes
[AC1-wlan-sec-prof-test] quit
[AC1-wlan-view] ssid-profile name test
[AC1-wlan-ssid-prof-test] ssid test
[AC1-wlan-ssid-prof-test] quit
[AC1-wlan-view] vap-profile name test
[AC1-wlan-vap-prof-test] forward-mode direct-forward
[AC1-wlan-vap-prof-test] service-vlan vlan-id 101
[AC1-wlan-vap-prof-test] security-profile test
[AC1-wlan-vap-prof-test] ssid-profile test
[AC1-wlan-vap-prof-test] quit
[AC1-wlan-view] ap-group name test
[AC1-wlan-ap-group-test] vap-profile wlan-net wlan 1 radio 0
[AC1-wlan-ap-group-test] vap-profile wlan-net wlan 1 radio 1
[AC1-wlan-ap-group-test] quit
```

步骤5 配置AC2的WLAN基本业务。

AC2基本业务其他参数的配置请参考AC1的配置过程，除源接口地址外其他配置参数和AC1一样，此处不再赘述。

```
[AC2] interface vlanif 100
[AC2-vlanif100] ip address 10.23.100.3 255.255.255.0
[AC2-vlanif100] quit
[AC2] capwap source interface vlanif 100
```

步骤6 配置AC1和备用AC2的双链路备份功能。

（1）在AC1上，配置备用AC2的IP地址，AC1的优先级，用于双链路备份。全局使能双链路备份和回切功能，重启所有AP使双链路备份功能生效。

```
[AC1-wlan-view] ac protect protect-ac 10.23.100.3 priority 0
[AC1-wlan-view] undo ac protect restore disable
[AC1-wlan-view] ac protect enable
Warning: This operation maybe cause AP reset, continue?[Y/N]: y
```

（2）在AC2上，配置主用AC1的IP地址，AC2的优先级，用于双链路备份。

```
[AC1-wlan-view] ac protect protect-ac 10.23.100.2 priority 1
[AC1-wlan-view] undo ac protect restore disable
[AC1-wlan-view] ac protect enable
Warning: This operation maybe cause AP reset, continue?[Y/N]: y
```

默认情况下，双链路备份功能未启动，执行命令ac protect enable，会提示重启所有AP。AP重启后，双链路备份功能开始生效。

若双链路备份功能已启动，此处再执行命令ac protect enable，便不会重启AP，需要在主AC上继续执行命令ap-reset重启AP，AP重启后，双链路备份功能开始生效。

16.7 项目验证

在AC1上执行命令display ac protect，查看AC1上的双链路信息和优先级。

```
[AC1-wlan-view] display ac protect
------------------------------------------------------------
Protect state                : enable
Protect AC                   : 10.23.100.3
Priority                     : 0
Protect restore              : enable
...
------------------------------------------------------------
```

在AC2上执行命令display ac protect，查看AC2上的双链路信息和优先级。

```
[AC2-wlan-view] display ac protect
------------------------------------------------------------
Protect state                : enable
Protect AC                   : 10.23.100.2
Priority                     : 1
Protect restore              : enable
...
------------------------------------------------------------
```

当AP与AC1的链路中断后，AC2切换为主AC，保证业务的稳定。

拓展练习

一、知识检测

（1）下面关于双链路备份组网中，描述不正确的是（　　）。

A．双链路备份技术提高了网络可靠性，保证了业务稳定

B．备AC要一直处于上电状态

C．在AP与主备AC建立主备链路的过程中，先建立的链路一定为主链路

D．主备AC上的网络业务配置要保持一致

（2）双链路备份组网中，AP会根据（　　）区分主用AC和备用AC。（多选题）

A．优先级　　B．AC的IP地址

C．AC负载情况　　D．AC响应AP的先后时间

（3）关于双链路冷备份常见参数的默认配置，以下说法正确的是（　　）。

A．AC全局优先级为0

B．AC个性优先级为0

C．双链路备份回切功能未使能

D．双链路备份功能使能

（4）下列关于双链路冷备说法不正确的是（　　）。

A．在主备选举过程中，先比较AC的优先级，优先级值小的为主AC，优先级相同情况下，比较AC设备的负载情况，负载大的AC为主AC；负载相同情况下，比较IP地址，IP地址小的为主AC

B．建立备份链路的时候，AP发送的Join Request中，会携带一个自定义消息类型，告诉备AC配置已经下发过了，不需要再下发

C．当AP检测到主链路中断后，会发给备AC的Echo Request报文中携带主信息，通知备AC进行主备倒换

D．冷备份不会备份STA信息，在主AC故障后，终端需要重新在原备AC上注册并重新上线，业务会出现短暂中断

（5）双链路冷备份中AP会从两个AC中选出一个主AC和一个备AC，然后AP和主AC建立CAPWAP主隧道，主AC是在AP上线的（　　）阶段选出的。

A．DHCP　　B．Discovery

C．configuration　　D．Join

二、能力检测

1．项目背景与分析

将大学生创业孵化基地的无线网络进行改造，原有网络为旁挂二层组网隧道转发，升级为双链路冷备份模式，即在原有AC的基础上，再增加一台AC，与之形成双机冷备模式，从而保证无线网络的稳定性。各端口配置的更改务必加以分析说明。

2. 项目拓扑（见图16-2）

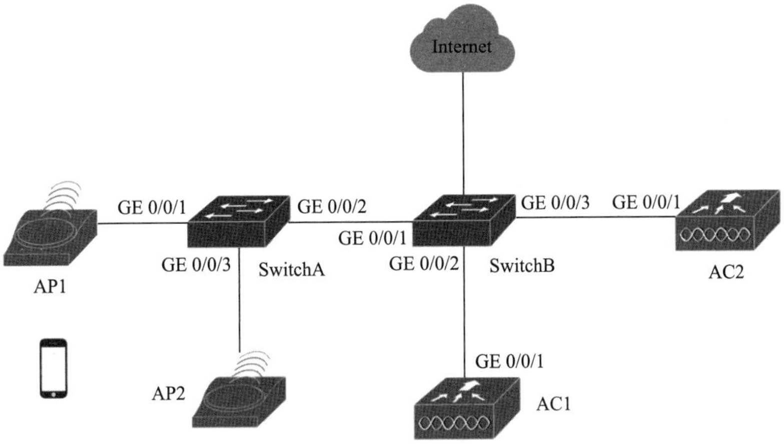

图16-2 拓扑结构

3. 项目规划

根据以上拓扑结构图规划连接方式，填写规划表16-6～表16-10。

表16-6 设备规划

设备类型	设备型号	设备命名	系统版本

表16-7 端口互联规划

设　备	本端端口	对端设备	对端端口

表16-8 WLAN规划

设　备	SSID	加密方式	密　钥

表16-9 IP及端口规划

设　备	接　口	规　划	备　注

表 16-10　DHCP 规划

地址池名称	地 址 范 围	网　关

4．实践结果提交

完成实践内容后，将自己制作的拓扑结构图、设备规划表、端口互联规划表、WLAN规划表、IP及端口规划表、DHCP规划表，以及过程截图提交给老师。

实践项目 17

双链路热备份

17.1 项目背景

小李所在项目组接到新的任务，为一家公司升级无线网络。该公司已具备无线局域网，无线部署采用AC+FIT AP的架构，AC与AP为二层组网模式，且AC属于旁挂方式。因公司业务升级，无线网络稳定性需求提高，需要稳定、不间断的无线网络服务，因此要在原有网络的基础上进行升级改造。

17.2 项目分析

该公司原有无线网络属于AC+FIT旁挂二层组网架构，采用的是单AC，最合理的升级方案是增加一个AC，使两个AC互为备份，以双链路热备份的方式提高无线用户的数据传输可靠性。

17.3 知识准备

在双链路冷备份的基础上，支持通过主备通道从工作状态的AC向备份状态的AC同步备份无线用户动态表项信息，这种备份称为双链路热备份。一旦工作中的主AC意外故障，备AC能迅速切换到主AC的角色顶替工作。

双链路热备份流程包括主备协商、数据备份、主备倒换和主备回切几个阶段。

1. 主备协商

双链路热备份的主备协商过程与双链路冷备份一致，都是通过CAPWAP双隧道机制协商。

2. 数据备份

主备AC绑定主备服务，通过主备服务创建的主备通道备份无线用户的表项信息，从而支持无线用户在主备倒换或主备回切时业务不中断。同步的方式包括批量备份、实时备份和定时同步。

3. 主备倒换

主备倒换由AP进行判断操作。当主AC故障或者下行链路断开时，主备AC会进行主备倒换，备AC由备份状态切换为工作状态。流程如下：

（1）AP和主备AC建立双链路后，会定期向主备AC发送Echo报文进行CAPWAP心跳检测，检查CAPWAP隧道状态。

（2）当链路故障时，AC无法回应AP的Echo报文。在连续经过一定次数的CAPWAP心跳检测间隔时间内，主AC没有回应AP，AP判断CAPWAP主隧道故障。

（3）AP在发送给备AC的Echo Request报文中携带主信息，备AC收到Echo Request报文的主信息后，将自己从备份状态切换为工作状态，CAPWAP备份隧道也切换为工作状态，同时AP把无线用户的数据业务向备AC上发送。

4. 主备回切

（1）AP定期发送Discovery Request报文检测原来的主链路的状态。

（2）当原来的主链路恢复后，AP检测到该链路的优先级比当前使用的主链路的优先级更高，触发回切等待。HSB感知到AC1恢复，会将AC2上的用户表项更新至AC1。

（3）为避免网络震荡导致频繁倒换，AP等待20个Echo周期时间后，如果原来的主链路一直正常，通知AC进行主备回切。如果原来的主链路又发生故障，则取消回切。主备回切后，AP把无线用户的数据业务向主AC上发送。

17.4 项目拓扑

项目拓扑结构如图17-1所示。

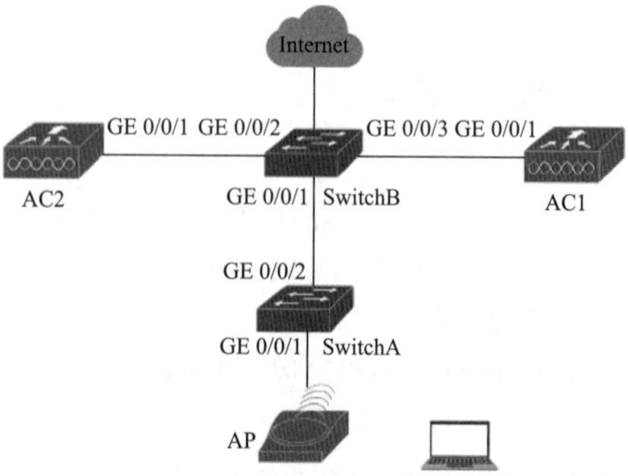

图 17-1 拓扑结构

17.5 项目规划

根据图17-1规划连接方式，规划详情见表17-1～表17-5。

表17-1　设备规划

设备类型	设备型号	设备命名	系统版本
FIT AP	HUAWEI WA5530	1-301	Version 5.160
交换机	HUAWEI S3700	SwitchA	Version 5.110
交换机	HUAWEI S3700	SwitchB	Version 5.110
AC	HUAWEI AC6605	AC1	Version 5.160
AC	HUAWEI AC6605	AC2	Version 5.160

表17-2　端口互联规划

设　备	本端端口	对端设备	对端端口
SwitchA	GE 0/0/1	AP	以太网口（poe）
SwitchA	GE 0/0/2	SwitchB	GE 0/0/1
SwitchB	GE 0/0/1	SwitchA	GE 0/0/2
SwitchB	GE 0/0/2	AC2	GE 0/0/1
SwitchB	GE 0/0/3	AC1	GE 0/0/1
SwitchB	GE 0/0/4	上层网络	—

表17-3　WLAN规划

设　备	SSID	加密方式	密　钥
AC1	fitap001	WPA-WPA2+PSK+AES	abc12345
AC2	fitap001	WPA-WPA2+PSK+AES	abc12345

表17-4　IP及端口规划

设　备	接　口	规　划	备　注
SwitchA	GE 0/0/1	Trunk（设置PVID 100）	允许VLAN 100通过
SwitchA	GE 0/0/2	Trunk	允许VLAN 100通过
SwitchB	GE 0/0/1	Trunk	允许VLAN 100通过
SwitchB	GE 0/0/2	Trunk	允许VLAN 100、VLAN 101和VLAN 102通过
SwitchB	GE 0/0/3	Trunk	允许VLAN 100、VLAN 101和VLAN 102通过
AC1	GE 0/0/1	Trunk	允许VLAN 100、VLAN 101和VLAN 102通过
AC1	VLANIF 100	10.23.100.2/24	—
AC1	VLANIF 102	10.23.102.1/24	—
AC2	GE 0/0/1	Trunk	允许VLAN 100、VLAN 101和VLAN 102通过
AC2	VLANIF 100	10.23.100.3/24	—
AC2	VLANIF 102	10.23.102.2/24	—

表 17-5 DHCP 规划

地址池名称	地址范围	网关
sta	10.23.101.0/24	10.23.101.1
ap	10.23.100.0/24	10.23.100.1

17.6 实施过程

步骤 1 配置交换机。

（1）配置接入交换机SwitchA的物理接口。

```
[SwitchA] vlan batch 100                          ! 创建VLAN
[SwitchA] interface gigabitethernet 0/0/1
[SwitchA-GigabitEthernet0/0/1] port link-type trunk
[SwitchA-GigabitEthernet0/0/1] port trunk pvid vlan 100
                                                  ! 为AP发送的报文添加VLAN 100标签
[SwitchA-GigabitEthernet0/0/1]port trunk allow-pass vlan 100
                                                  ! 允许VLAN 100通过
[SwitchA-GigabitEthernet0/0/1] quit
[SwitchA] interface gigabitethernet 0/0/2
[SwitchA-GigabitEthernet0/0/2] port link-type trunk
[SwitchA-GigabitEthernet0/0/2]port trunk allow-pass vlan 100
[SwitchA-GigabitEthernet0/0/2] quit
```

（2）配置交换机SwitchB的接口。

```
[SwitchB] vlan batch 100 101 102                  ! 创建VLAN
[SwitchB] interface gigabitethernet 0/0/1
[SwitchB-GigabitEthernet0/0/1] port link-type trunk
[SwitchB-GigabitEthernet0/0/1]port trunk allow-pass vlan 100
[SwitchB-GigabitEthernet0/0/1] quit
[SwitchB] interface gigabitethernet 0/0/2
[SwitchB-GigabitEthernet0/0/2] port link-type trunk
[SwitchB-GigabitEthernet0/0/2]port trunk allow-pass vlan 100 101 102
[SwitchB-GigabitEthernet0/0/2] quit
[SwitchB] interface gigabitethernet 0/0/3
[SwitchB-GigabitEthernet0/0/3] port link-type trunk
[SwitchB-GigabitEthernet0/0/3]port trunk allow-pass vlan 100 101 102
[SwitchB-GigabitEthernet0/0/3] quit
```

步骤2　配置AC1和AC2。

```
[AC1] vlan batch 100 101 102
[AC1] interface vlanif 100
[AC1-vlanif100] ip address 10.23.100.2 24  ! VLANIF 100的IP
[AC1-vlanif100] quit
[AC1] interface vlanif 102
[AC1-vlanif100] ip address 10.23.102.1 24
[AC1-vlanif100] quit
[AC1] interface gigabitethernet 0/0/1
[AC1-GigabitEthernet0/0/1] port link-type trunk
[AC1-GigabitEthernet0/0/1]port trunk allow-pass vlan 100 101 102
[AC1-GigabitEthernet0/0/1] quit
[AC2] vlan batch 100 101 102
[AC2] interface vlanif 100
[AC2-vlanif100] ip address 10.23.100.3 24
[AC2-vlanif100] quit
[AC2] interface vlanif 102
[AC2-vlanif102] ip address 10.23.102.2 24
[AC2-vlanif102] quit
[AC2] interface gigabitethernet 0/0/1
[AC2-GigabitEthernet0/0/1] port trunk allow-pass vlan 100 101 102
[AC2-GigabitEthernet0/0/1] quit
```

步骤3　配置DHCP。

配置SwitchB给AP和无线用户分配IP地址。

```
[SwitchB] dhcp enable
[SwitchB] ip pool sta
[SwitchB-ip-pool-sta] network 10.23.101.0 mask 24
[SwitchB-ip-pool-sta] gateway-list 10.23.101.1
[SwitchB-ip-pool-sta] quit
[SwitchB] ip pool ap
[SwitchB-ip-pool-ap] network 10.23.100.0 mask 24
[SwitchB-ip-pool-ap] excluded-ip-address 10.23.100.2
[SwitchB-ip-pool-ap] excluded-ip-address 10.23.100.3
[SwitchB-ip-pool-ap] gateway-list 10.23.100.1
[SwitchB-ip-pool-ap] quit
[SwitchB] interface vlanif 100
[SwitchB-vlanif100] ip address 10.23.100.1 24
[SwitchB-vlanif100] dhcp select global
[SwitchB-vlanif100] quit
```

```
[SwitchB] interface vlanif 101
[SwitchB-vlanif101] ip address 10.23.101.1 24
[SwitchB-vlanif101] dhcp select global
[SwitchB-vlanif101] quit
```

步骤4 配置AC1和AC2的WLAN业务参数。

（1）配置AC1和AC2的系统参数（这里只给出AC1的配置，AC2的配置与AC1相同）。

```
[AC1] wlan
[AC1-wlan-view] ap-group name test
[AC1-wlan-ap-group-test] quit
[AC1-wlan-view] regulatory-domain-profile name test
[AC1-wlan-regulate-domain-test] country-code cn
[AC1-wlan-regulate-domain-test] quit
[AC1-wlan-view] ap-group name test
[AC1-wlan-ap-group-test] regulatory-domain-profile test
Warning: Modifying the country code will clear channel, power and antenna gain configurations of the radio and reset the AP. Continue?[Y/N]:y
[AC1-wlan-ap-group-test] quit
[AC1-wlan-view] quit
[AC1] capwap source interface vlanif 100
```

（2）在AC1上管理AP（这里只给出AC1的配置，AC2的配置与AC1相同）。

```
[AC1-wlan-view] ap auth-mode mac-auth
[AC1-wlan-view] ap-id 0 ap-mac 0c20-a4b3-f3d0
[AC1-wlan-ap-0] ap-name 1-301
[AC1-wlan-ap-0] ap-group test
Warning: This operation may cause AP reset. If the country code changes, it will clear channel, power and antenna gain configurations of the radio, Whether to continue? [Y/N]:y
[AC1-wlan-ap-0] quit
```

（3）配置AC1的WLAN业务参数（这里只给出AC1的配置，AC2的配置与AC1相同）。

```
[AC1-wlan-view] security-profile name test
                    ！创建名为test的安全模板，并配置安全策略
[AC1-wlan-sec-prof-test] security wpa-wpa2 psk pass-phrase abc12345 aes
[AC1-wlan-sec-prof-test] quit
[AC1-wlan-view] ssid-profile name test
                    ！创建名为test的SSID模板，并配置SSID名称为fitap001
[AC1-wlan-ssid-prof-test] ssid fitap001
[AC1-wlan-ssid-prof-test] quit
```

```
[AC1-wlan-view] vap-profile name test
        ！创建VAP模板，配置业务数据转发模式、业务VLAN，引用安全模板和SSID模板
[AC1-wlan-vap-prof-test] forward-mode tunnel
        ！隧道转发，注意交换机B各接口允许通过的VLAN
[AC1-wlan-vap-prof-test] service-vlan vlan-id 101
[AC1-wlan-vap-prof-test] security-profile test
[AC1-wlan-vap-prof-test] ssid-profile test
[AC1-wlan-vap-prof-test] quit
[AC1-wlan-view] ap-group name test
        ！配置AP组引用VAP模板，AP上射频0和射频1都使用VAP模板test的配置
[AC1-wlan-ap-group-test] vap-profile test wlan 1 radio 0
[AC1-wlan-ap-group-test] vap-profile test wlan 1 radio 1
[AC1-wlan-ap-group-test] quit
```

步骤5 配置AC1和AC2的双链路热备份功能。

（1）在AC1上，配置备份AC2的IP地址，AC1的优先级，用于双链路备份。

```
[AC1-wlan-view] ac protect enable
Warning: This operation maybe cause AP reset, continue?[Y/N]:y
[AC1-wlan-view] ac protect protect-ac 10.23.100.3 priority 0
```

（2）在AC2上，配置主用AC1的IP地址，AC2的优先级，用于双链路备份。

```
[AC2-wlan-view] ac protect enable
Warning: This operation maybe cause AP reset, continue?[Y/N]:y
[AC2-wlan-view] ac protect protect-ac 10.23.100.2 priority 1
[AC2-wlan-view] quit
```

（3）在主用AC1上重启AP，下发双链路备份配置信息至AP。

```
[AC1-wlan-view] ap-reset all
Warning: Reset AP(s), continue?[Y/N]:y
[AC1-wlan-view] quit
```

步骤6 配置双机热备功能。

```
[AC1] hsb-service 0     ！在AC1上创建HSB主备服务0，配置主备通道IP地址和端口号
[AC1-hsb-service-0] service-ip-port local-ip 10.23.102.1 peer-ip 10.23.102.2
local-data-port 10241 peer-data-port 10241
[AC1-hsb-service-0] quit
[AC1] hsb-service-type ap hsb-service 0
                        ！配置将WLAN业务与NAC业务绑定AC1的HSB主备服务
```

```
[AC1] hsb-service-type access-user hsb-service 0
[AC2] hsb-service 0     ! 在AC2上创建HSB主备服务0，配置主备通道IP地址和端口号
[AC2-hsb-service-0] service-ip-port local-ip 10.23.102.2 peer-ip 10.23.102.1
local-data-port 10241 peer-data-port 10241
[AC2-hsb-service-0] quit
[AC2] hsb-service-type ap hsb-service 0
                        ! 配置将WLAN业务与NAC业务绑定AC2的HSB主备服务
[AC2] hsb-service-type access-user hsb-service 0
```

17.7 项目验证

在AC1上执行命令display ac protect，可以查看到双链路备份的配置信息。

```
[AC1] display ac protect
------------------------------------------------------------
Protect state              : enable
Protect AC                 : 10.23.100.3
Priority                   : 0
Protect restore            : enable
------------------------------------------------------------
```

在AC2上执行命令display ac protect，可以查看到双链路备份的配置信息。

```
[AC2] display ac protect
------------------------------------------------------------
Protect state              : enable
Protect AC                 : 10.23.100.2
Priority                   : 1
Protect restore            : enable
...
------------------------------------------------------------
```

在AC1上执行display hsb-service 0命令，查看主备服务的建立情况，可以看到Service State字段的显示为Connected，说明主备服务通道已经成功建立。

```
[AC1] display hsb-service 0
Hot Standby Service Information:
----------------------------------------------------------
  Local IP Address        : 10.23.102.1
  Peer IP Address         : 10.23.102.2
  Source Port             : 10241
```

```
     Destination Port           : 10241
     Keep Alive Times           : 5
     Keep Alive Interval        : 3
     Service State              : Connected
     Service Batch Modules      : AP
                                  Access-user   Shared-key
: -------------------------------------------------------------
```

在AC2上执行display hsb-service 0命令，查看主备服务的建立情况，可以看到Service State字段的显示为Connected，说明主备服务通道已经成功建立。

```
   [AC2] display hsb-service 0
   Hot Standby Service Information:
   -----------------------------------------------------------
     Local IP Address           : 10.23.102.2
     Peer IP Address            : 10.23.102.1
     Source Port                : 10241
     Destination Port           : 10241
     Keep Alive Times           : 5
     Keep Alive Interval        : 3
     Service State              : Connected
     Service Batch Modules      : AP
                                  Access-user   Shared-key
: -------------------------------------------------------------
```

AP1下的无线接入用户可以搜索到SSID标识为fitap001的WLAN网络并正常上线。当AP与AC1的链路中断后，AC2切换为主AC，用户不掉线。

拓 展 练 习

一、知识检测

（1）以下关于双链路备份描述正确的是（　　）。

A．配置双链路备份功能后的主CAPWAP隧道建立过程，与正常情况下的CAPWAP隧道建立过程完全一致

B．使能双链路主备配置的AC和没有双链路主备配置的AC共存时，AP才会优先选择使能双链路主备配置的AC

C．双链路冷备相对于热备，是在检测到主CAPWAP隧道故障后，才建立备份CAPWAP隧道，实现业务不间断转发

D．双链路热备相对于冷备，CAPWAP隧道故障检测是在主备AC间进行，并由HSB通道实时同步状态信息

（2）双链路热备主备切换时，关于AP和用户的行为说法正确的是（　　）。（多选题）

A．AP不需要重新上线　　B．AP需要重新上线

C．无线用户不需要重新上线　　D．无线用户需要重新上线

（3）双链路热备时，工程师使能双链路备份功能，但是没有对心跳间隔时间和次数进行修改，那么默认情况下，AP检测到主链路超市进行主备切换的时间为（　　）。

A．25秒　B．60秒　C．75秒　D．150秒

（4）以下关于WLAN热备份的说法，错误的是（　　）。

A．配置VRRP热备时，可以通过配置VRRP的优先级来决定AC设备的优先级

B．配置VRRP热备是，主、备AC必须在同一个二层网络

C．双链路热备时，主、备AC可以在不同的二层网络，通过三层互通来进行备份

D．双链路热备时，可以通过将主、备AC的优先级配置成一致来实现负载分担方式的备份

（5）以下有关AC备份的说明错误的是（　　）。

A．VRRP和双链路两种机制均支持上行链路检测

B．两台AC产品作为冗余备份保护可以有效提高企业无线办公网络业务的可靠性

C．1+1热备支持用户数据信息、CAPWAP隧道信息、AP表项等备份

D．支持双链路备份机制，组网更灵活，主备AC间只能是二层网

二、能力检测

1．项目背景与分析

将大学生创业孵化基地的无线网络进行改造，原有网络为旁挂二层组网隧道转发，升级为双链路热备份模式，即在原有AC的基础上，再增加一台AC，与之形成双机热备模式，从而保证无线网络的稳定性。各端口配置的更改务必加以分析说明。

2．项目拓扑（见图17-2）

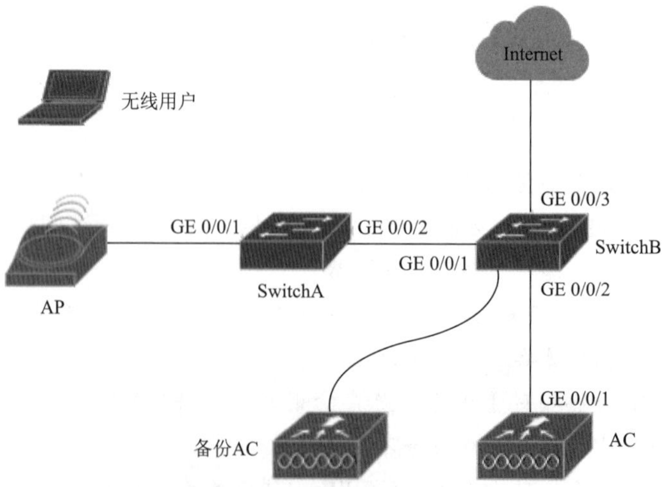

图17-2　拓扑图

3．项目规划

根据以上拓扑结构图规划连接方式，填写规划表 17-6～表 17-10。

表 17-6　设备规划

设备类型	设备型号	设备命名	系统版本

表 17-7　端口互联规划

设　备	本端端口	对端设备	对端端口

表 17-8　WLAN 规划

设　备	SSID	加密方式	密　钥

表 17-9　IP 及端口规划

设　备	接　口	规　划	备　注

表 17-10　DHCP 规划

地址池名称	地址范围	网　关

4．实践结果提交

完成实践内容后，将自己制作的拓扑结构图、设备规划表、端口互联规划表、WLAN 规划表、IP 及端口规划表、DHCP 规划表，以及过程截图提交给老师。

实践项目 18

无线分布式系统

18.1 项目背景

小李所在项目组接到新的任务，为一家公司部署无线网络。该公司已具备无线局域网，无线部署采用AC+FIT AP的架构。因公司临时租用了新的厂区，而新厂区跟原有厂区之间只有一条小河，需要在原有无线网络基础上进行扩展。

18.2 项目分析

该公司在原厂区已经部署了无线网络，因为新厂区和原厂区之间有小河阻隔，如果按照传统方式，先部署有线网络，在有线网络基础上再部署无线网络，则需要耗费大量成本，这对于临时租用的厂区来说，并不是合理的方案。为了节省成本，小李计划采用无线分布系统网络。

18.3 知识准备

1. 无线分布式系统

WDS（wireless distribution system）称无线分布式系统。WDS把有线网络的报文，通过无线中继设备传输到另外一个无线网络或有线网络中，类似无线网络桥接功能。但无线网络桥接功能通常是一对一的，而WDS可以做到一对多，并且桥接的对象可以是无线网路卡或者是有线系统。WDS可以让无线AP之间通过无线进行桥接（中继）。

WDS的无线混合模式，可以支持在点对点、点对多点、中继应用模式下的无线访问点（AP）同时工作在两种工作模式状态：桥接模式+AP模式。无线分布式系统改变了原有单一、简单的无线应用模式。比如：大型热点区域和企业用户选用无线WDS技术的解决方案的时候，可以通过各种可选的无线应用方式来连接各个AP，这样就大大提高了整个网络结构的灵活型和便捷性。而且无线网络使用者以购买最少无线设备，达到更多用途的功能实现。

在SOHO或家庭环境下，使用一台无线路由器不太理想，因为墙体会严重影响无线信号的传输效果，对于这种情况也可以通过WDS无线模式来扩展无线信号的覆盖范围，达到增强信号强度的目的。

一般来说WDS是在两台无线设备基础上实现的，即通过一台设备充当无线信号中继设备来达到信号范围扩展的目的。所以需要我们拥有两台无线AP或无线路由器，另外还需要保证这两台无线设备中至少有一台支持WDS无线分布式系统功能。

每个WDS链路都将映射至AP上的一个逻辑WDS口。WDS口的行为类似于以太网端口，而不是类似于标准的无线接口：在BSS端口上，访问点通过关联和帧来学习；而在WDS或以太网端口上，访问点仅通过帧来学习。

2. WDS特点

（1）WDS链路与客户端共享通信带宽。因此在WDS链路活动时，客户端吞吐率将会减小。

（2）如果WDS表中没有已配置的邻居MAC地址，WDS端口将保持禁用。单个AP上的每个WDS端口都应具有唯一的邻居MAC地址。不要在AP的WDS端口列表中重复键入同一MAC地址。

（3）作为WDS成员的每个访问点都必须具有相同的信道设置才能相互通信。作为WDS成员的每个访问点都必须具有相同的WEP加密设置。WDS不使用802.1x，因此，如果要加密WDS链路，必须配置每个访问点使用WEP加密，并且每个访问点都必须具有相同的加密密钥。

（4）需要生成树协议，避免在AP之间形成网络环路。例如，在连接至同一以太网的两个访问点之间创建WDS链路，将会形成网络环路。

（5）必须禁用“自动信道选择”才能创建WDS。

（6）如果AP仅通过WDS链路连接至网络，则需要设置静态IP地址来通过Web接口管理AP。

18.4 项目拓扑

项目拓扑结构如图18-1所示。

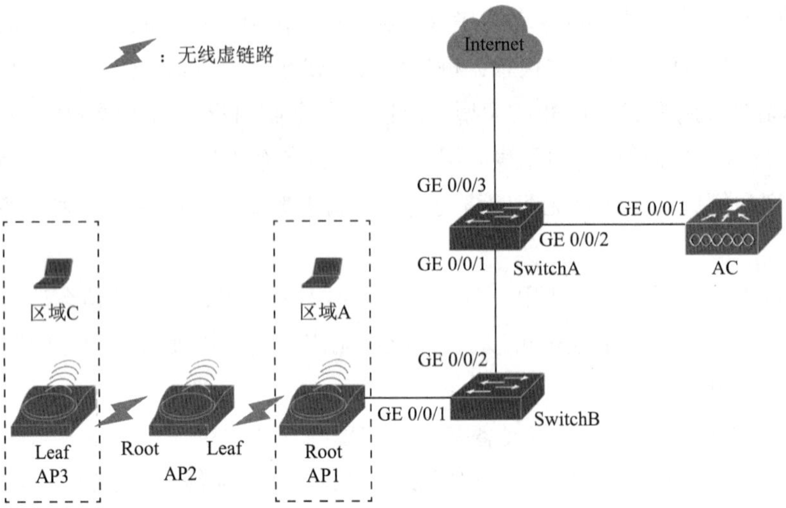

图 18-1　拓扑结构

18.5　项目规划

根据图 18-1 规划连接方式，详情见表 18-1～表 18-5。

表 18-1　设备规划

设备类型	设备型号	设备命名	系统版本
AP1	AP8130DN	AP1	Version 5.160
AP2	AP8130DN	AP2	Version 5.160
AP3	AP8130DN	AP3	Version 5.160
交换机	HUAWEI S5700	SwitchA	Version 5.110
交换机	HUAWEI S3700	SwitchB	Version 5.110
AC	HUAWEI AC6605	AC	Version 5.160

表 18-2　端口互联规划

设　备	本端端口	对端设备	对端端口
SwitchA	GE 0/0/1	SwitchB	GE 0/0/2
SwitchA	GE 0/0/2	AC	GE 0/0/1
SwitchA	GE 0/0/3	上层网络	—
SwitchB	GE 0/0/1	AP	GE 0/0/1
SwitchB	GE 0/0/2	SwitchA	GE 0/0/1
AC	GE 0/0/1	SwitchA	GE 0/0/2

表 18-3　WLAN 规划

设　备	SSID	加密方式	密　钥
AC	fitap001	WPA-WPA2+PSK+AES	abc12345

表 18-4　IP 及端口规划

设　备	接　口	规　划	备　注
SwitchA	GE 0/0/1	Trunk	允许 VLAN 100 和 VLAN 101 通过
SwitchA	GE 0/0/2	Trunk	允许 VLAN 100 通过
SwitchA	GE 0/0/3	Trunk	允许 VLAN 101 通过
SwitchB	GE 0/0/1	Trunk	允许 VLAN 100 和 VLAN 101 通过
SwitchB	GE 0/0/2	Trunk	允许 VLAN 100 和 VLAN 101 通过
SwitchA	VLAN 101 接口	10.23.101.1/24	—
AC	GE 0/0/1	Trunk	允许 VLAN 100 通过
AC	VLAN 100 接口	10.23.100.1/24	—

表 18-5　DHCP 规划

地址池名称	类　型	地 址 范 围	网　关
VLANIF 100	AC 所在的管理 VLAN	10.23.100.0/24	10.23.100.1
VLANIF 101	无线用户的业务 VLAN	10.23.101.0/24	10.23.101.1

18.6　实施过程

步骤 1　配置交换机。

（1）配置接入交换机 SwitchB 的物理接口。

```
[SwitchB] vlan batch 100 to 101                              ! 创建VLAN
[SwitchB] interface gigabitEthernet 0/0/1
[SwitchB-GigabitEthernet0/0/1] port link-type trunk
[SwitchB-GigabitEthernet0/0/1] port trunk pvid vlan 100   ! 默认VLAN
[SwitchB-GigabitEthernet0/0/1] port trunk allow-pass vlan 100 to 101
                                                             ! 允许管理VLAN通过
[SwitchB-GigabitEthernet0/0/1] port-isolate enable          ! 端口隔离
[SwitchB-GigabitEthernet0/0/1] quit
[SwitchB] interface gigabitEthernet 0/0/2
[SwitchB-GigabitEthernet0/0/2] port link-type trunk
[SwitchB-GigabitEthernet0/0/2] port trunk allow-pass vlan 100 to 101
                                                             ! 允许管理VLAN通过
[SwitchB-GigabitEthernet0/0/2] quit
```

（2）配置 SwitchA 的接口。

```
[SwitchA] vlan batch 100 to 101                              ! 创建VLAN
[SwitchA] interface gigabitEthernet 0/0/1
[SwitchA-GigabitEthernet0/0/1] port link-type trunk
```

```
[SwitchA-GigabitEthernet0/0/1] port trunk allow-pass vlan 100 to 101
[SwitchA-GigabitEthernet0/0/1] quit
[SwitchA] interface gigabitEthernet 0/0/2
[SwitchA-GigabitEthernet0/0/2] port link-type trunk
[SwitchA-GigabitEthernet0/0/2] port trunk allow-pass vlan 100
[SwitchA-GigabitEthernet0/0/2] quit
```

步骤2　配置AC与其他设备互通。

```
[AC] vlan batch 100 to 101
[AC] interface gigabitEthernet 0/0/1
[AC-GigabitEthernet0/0/1] port link-type trunk
[AC-GigabitEthernet0/0/1] port trunk allow-pass vlan 100
[AC-GigabitEthernet0/0/1] quit
```

步骤3　配置DHCP。

（1）在AC上配置DHCP。

```
[AC] dhcp enable
[AC] interface vlanif 100
[AC-vlanif100] ip address 10.23.100.1 24
[AC-vlanif100] dhcp select interface！接口地址池为AP分配IP
[AC-vlanif100] quit
```

（2）在交换机上配置DHCP。

```
[SwitchA] dhcp enable
[SwitchA] interface vlanif 101
[SwitchA-vlanif101] ip address 10.23.101.1 24
[SwitchA-vlanif101] dhcp select interface
[SwitchA-vlanif101] quit
```

步骤4　配置AP上线

（1）创建AP组ap-group1、ap-group2和ap-group3。

```
[AC] wlan
[AC-wlan-view] ap-group name ap-group1
[AC-wlan-ap-group-ap-group1] quit
[AC-wlan-view] ap-group name ap-group2
[AC-wlan-ap-group-ap-group2] quit
[AC-wlan-view] ap-group name ap-group3
[AC-wlan-ap-group-ap-group3] quit
```

（2）创建域管理模板，在域管理模板下配置AC的国家码并在AP组下引用域管理模板。

```
[AC-wlan-view] regulatory-domain-profile name test
[AC-wlan-regulate-domain-test] country-code cn
[AC-wlan-regulate-domain-test] quit
[AC-wlan-view] ap-group name ap-group1
[AC-wlan-ap-group-ap-group1]regulatory-domain-profile default
Warning: Modifying the country code will clear channel, power and antenna gain configurations of the radio and reset the AP. Continue?[Y/N]:y
[AC-wlan-ap-group-ap-group1] quit
[AC-wlan-view] ap-group name ap-group2
[AC-wlan-ap-group-ap-group2] regulatory-domain-profile default
Warning: Modifying the country code will clear channel, power and antenna gain configurations of the radio and reset the AP. Continue?[Y/N]:y
[AC-wlan-ap-group-ap-group2] quit
[AC-wlan-view] ap-group name ap-group3
[AC-wlan-ap-group-ap-group3] regulatory-domain-profile default
Warning: Modifying the country code will clear channel, power and antenna gain configurations of the radio and reset the AP. Continue?[Y/N]:y
[AC-wlan-ap-group-ap-group3] quit
[AC-wlan-view] quit
```

（3）配置AC源接口。

```
[AC] capwap source interface vlanif 100
```

（4）将AP1加入AP组ap-group1，AP2加入AP组ap-group2，AP3加入AP组ap-group3。

```
[AC] wlan
[AC-wlan-view] ap auth-mode mac-auth
[AC-wlan-view] ap-id 1 ap-mac 60de-4474-9640
[AC-wlan-ap-1] ap-name ap1
[AC-wlan-ap-1] ap-group ap-group1
Warning: This operation may cause AP reset. If the country code changes, it will clear channel, power and antenna gain configurations of the radio, Whether to continue? [Y/N]:y
[AC-wlan-ap-1] quit
[AC-wlan-view] ap-id 2 ap-mac dcd2-fc04-b500
[AC-wlan-ap-2] ap-name ap2
[AC-wlan-ap-2] ap-group ap-group2
Warning: This operation may cause AP reset. If the country code changes, it will clear channel, power and antenna gain configurations of the radio, Whether to continue? [Y/N]:y
```

```
[AC-wlan-ap-2] quit
[AC-wlan-view] ap-id 3 ap-mac dcd2-fc96-e4c0
[AC-wlan-ap-3] ap-name ap3
[AC-wlan-ap-3] ap-group ap-group3
Warning: This operation may cause AP reset. If the country code changes, it will clear channel, power and antenna gain configurations of the radio, Whether to continue? [Y/N]:y
[AC-wlan-ap-3] quit
```

步骤5 配置WDS业务参数。

（1）配置WDS节点使用的主要射频参数。本例中使用AP1和AP3的是AP8130DN的射频1，AP2使用AP8130DN的射频0和射频1。配置AP2的射频0工作在5 GHz频段，为了减少信道干扰配置AP2的射频0和射频1在不同的信道，射频1用于和AP1建立WDS链路，射频0用于和AP3建立WDS链路。“coverage distance”参数为射频覆盖距离，缺省情况下是3，单位是100 m。本例中使用参数为4，用户可以根据实际情况配置该参数。

注意：在WDS网络中，建立WDS链路的射频必须为同一信道。

```
[AC-wlan-view] ap-id 2
[AC-wlan-ap-2] radio 0
[AC-wlan-radio-2/0] frequency 5g
Warning: Modifying the frequency band will delete the channel, power, and antenna gain configurations of the current radio on the AP and reboot the AP. Continue?[Y/N]:y
[AC-wlan-radio-2/0] quit
[AC-wlan-ap-2] quit
[AC-wlan-view] ap-id 1
[AC-wlan-ap-1] radio 1
[AC-wlan-radio-1/1] channel 40mhz-plus 157
Warning: This action may cause service interruption. Continue?[Y/N]y
[AC-wlan-radio-1/1] coverage distance 4
[AC-wlan-radio-1/1] quit
[AC-wlan-ap-1] quit
[AC-wlan-view] ap-id 2
[AC-wlan-ap-2] radio 0
[AC-wlan-radio-2/0] channel 40mhz-plus 149
Warning: This action may cause service interruption. Continue?[Y/N]y
[AC-wlan-radio-2/0] coverage distance 4
[AC-wlan-radio-2/0] quit
[AC-wlan-ap-2] radio 1
[AC-wlan-radio-2/1] channel 40mhz-plus 157
Warning: This action may cause service interruption. Continue?[Y/N]y
```

```
[AC-wlan-radio-2/1] coverage distance 4
[AC-wlan-radio-2/1] quit
[AC-wlan-ap-2] quit
[AC-wlan-view] ap-id 3
[AC-wlan-ap-3] radio 1
[AC-wlan-radio-3/1] channel 40mhz-plus 149
Warning: This action may cause service interruption. Continue?[Y/N]y
[AC-wlan-radio-3/1] coverage distance 4
[AC-wlan-radio-3/1] quit
[AC-wlan-ap-3] quit
```

（2）配置WDS链路使用安全模板wds-security，wds-security支持WPA2+PSK+AES的安全策略。

```
[AC-wlan-view] security-profile name wds-security
[AC-wlan-sec-prof-wds-security] security wpa2 psk pass-phrase abc12345 aes
[AC-wlan-sec-prof-wds-security] quit
```

（3）配置WDS白名单。配置AP1绑定的WDS白名单wds-list1，仅允许AP2接入。配置AP2绑定的WDS白名单wds-list2，仅允许AP3接入。

```
[AC-wlan-view] wds-whitelist-profile name wds-list1
[AC-wlan-wds-whitelist-wds-list1] peer-ap mac dcd2-fc04-b500
[AC-wlan-wds-whitelist-wds-list1] quit
[AC-wlan-view] wds-whitelist-profile name wds-list2
[AC-wlan-wds-whitelist-wds-list2] peer-ap mac dcd2-fc96-e4c0
[AC-wlan-wds-whitelist-wds-list2] quit
```

（4）配置WDS模板wds-root。网桥标识为wlan-wds，网桥模式为root，引用安全模板wds-security，以tagged形式允许无线业务VLAN 101通过。

```
[AC-wlan-view] wds-profile name wds-root
[AC-wlan-wds-prof-wds-root] wds-name wlan-wds
[AC-wlan-wds-prof-wds-root] wds-mode root
[AC-wlan-wds-prof-wds-root] security-profile wds-security
[AC-wlan-wds-prof-wds-root] vlan tagged 101
[AC-wlan-wds-prof-wds-root] quit
```

（5）配置WDS模板wds-leaf。网桥标识为wlan-wds，网桥模式为leaf，引用安全模板wds-security，以tagged形式允许无线业务VLAN 101通过。

```
[AC-wlan-view] wds-profile name wds-leaf
[AC-wlan-wds-prof-wds-leaf] wds-name wlan-wds
```

```
[AC-wlan-wds-prof-wds-leaf] wds-mode leaf
[AC-wlan-wds-prof-wds-leaf] security-profile wds-security
[AC-wlan-wds-prof-wds-leaf] vlan tagged 101
[AC-wlan-wds-prof-wds-leaf] quit
```

（6）配置AP组ap-group1的射频1引用WDS白名单wds-list1。配置AP组ap-group2的射频1引用WDS白名单wds-list2。

```
[AC-wlan-view] ap-group name ap-group1
[AC-wlan-ap-group-ap-group1] radio 1
[AC-wlan-group-radio-ap-group1/1] wds-whitelist-profile wds-list1
[AC-wlan-group-radio-ap-group1/1] quit
[AC-wlan-ap-group-ap-group1] quit
[AC-wlan-view] ap-group name ap-group2
[AC-wlan-ap-group-ap-group2] radio 1
[AC-wlan-group-radio-ap-group2/1] wds-whitelist-profile wds-list2
[AC-wlan-group-radio-ap-group2/1] quit
[AC-wlan-ap-group-ap-group2] quit
```

（7）在AP组引用相关模板，使WDS业务生效。

```
[AC-wlan-view] ap-group name ap-group1
[AC-wlan-ap-group-ap-group1] wds-profile wds-root radio 1
Warning: This action may cause service interruption. Continue?[Y/N]y
[AC-wlan-ap-group-ap-group1] quit
[AC-wlan-view] ap-group name ap-group2
[AC-wlan-ap-group-ap-group2] wds-profile wds-leaf radio 1
Warning: This action may cause service interruption. Continue?[Y/N]y
[AC-wlan-ap-group-ap-group2] wds-profile wds-root radio 0
Warning: This action may cause service interruption. Continue?[Y/N]y
[AC-wlan-ap-group-ap-group2] quit
[AC-wlan-view] ap-group name ap-group3
[AC-wlan-ap-group-ap-group3] wds-profile wds-leaf radio 1
Warning: This action may cause service interruption. Continue?[Y/N]y
[AC-wlan-ap-group-ap-group3] quit
```

步骤6 配置WLAN业务参数。

（1）创建名为test的安全模板，并配置安全策略。

```
[AC-wlan-view] security-profile name test
[AC-wlan-sec-prof-test] security wpa-wpa2 psk pass-phrase abc12345 aes
[AC-wlan-sec-prof-test] quit
```

（2）创建名为test的SSID模板，并配置SSID名称为fitap001。

```
[AC-wlan-view] ssid-profile name test
[AC-wlan-ssid-prof-test] ssid fitap001
[AC-wlan-ssid-prof-test] quit
```

（3）创建名为test的VAP模板，配置业务数据转发模式、业务VLAN，并且引用安全模板和SSID模板。

```
[AC-wlan-view] vap-profile name test
[AC-wlan-vap-prof-test] forward-mode direct-forward
[AC-wlan-vap-prof-test] service-vlan vlan-id 101
[AC-wlan-vap-prof-test] security-profile test
[AC-wlan-vap-prof-test] ssid-profile test
[AC-wlan-vap-prof-test] quit
```

（4）配置AP组引用VAP模板，本例中AP1和AP3使用射频1作为WDS回传频段，射频0作为无线业务覆盖射频。AP1和AP3上射频0都使用VAP模板test的配置。

```
[AC-wlan-view] ap-group name ap-group1
[AC-wlan-ap-group-ap-group1] vap-profile test wlan 1 radio 0
[AC-wlan-ap-group-ap-group1] quit
[AC-wlan-view] ap-group name ap-group3
[AC-wlan-ap-group-ap-group3] vap-profile test wlan 3 radio 0
[AC-wlan-ap-group-ap-group3] quit
```

步骤7　配置AP 2.4 G射频的信道和功率。

（1）关闭AP射频的信道和功率自动调优功能。

```
[AC-wlan-view] ap-id 1
[AC-wlan-ap-1] radio 0
[AC-wlan-radio-1/0] calibrate auto-channel-select disable
[AC-wlan-radio-1/0] calibrate auto-txpower-select disable
[AC-wlan-radio-1/0] quit
[AC-wlan-ap-1] radio 1
[AC-wlan-radio-1/1] calibrate auto-channel-select disable
[AC-wlan-radio-1/1] calibrate auto-txpower-select disable
[AC-wlan-radio-1/1] quit
[AC-wlan-ap-1]quit
[AC-wlan-view] ap-id 2
[AC-wlan-ap-2] radio 0
[AC-wlan-radio-2/0] calibrate auto-channel-select disable
[AC-wlan-radio-2/0] calibrate auto-txpower-select disable
```

```
[AC-wlan-radio-2/0] quit
[AC-wlan-ap-2] radio 1
[AC-wlan-radio-2/1] calibrate auto-channel-select disable
[AC-wlan-radio-2/1] calibrate auto-txpower-select disable
[AC-wlan-radio-2/1] quit
[AC-wlan-ap-2]quit
[AC-wlan-view] ap-id 3
[AC-wlan-ap-3] radio 0
[AC-wlan-radio-3/0] calibrate auto-channel-select disable
[AC-wlan-radio-3/0] calibrate auto-txpower-select disable
[AC-wlan-radio-3/0] quit
[AC-wlan-ap-3] radio 1
[AC-wlan-radio-3/1] calibrate auto-channel-select disable
[AC-wlan-radio-3/1] calibrate auto-txpower-select disable
[AC-wlan-radio-3/1] quit
[AC-wlan-ap-3]quit
```

（2）配置AP射频0的信道和功率。

```
[AC-wlan-view] ap-id 1
[AC-wlan-ap-1] radio 0
[AC-wlan-radio-1/0] channel 20mhz 6
Warning: This action may cause service interruption. Continue?[Y/N]y
[AC-wlan-radio-1/0] eirp 127
[AC-wlan-radio-1/0] quit
[AC-wlan-ap-1]quit
```

18.7 项目验证

完成配置后，执行命令display ap all，查看WDS各节点是否成功上线，当“State”字段显示为“nor”，则表示AP已成功上线。

```
[AC-wlan-view] display ap all
Total AP information:
nor  : normal           [3]
Extra information:
P   : insufficient power supply
------------------------------------------------------------------------
ID MAC             Name Group      IP            Type      State STA Uptime
------------------------------------------------------------------------
```

```
1  60de-4474-9640 ap1  ap-group1 10.23.100.254 AP8130DN nor   0   20M:16S
2  dcd2-fc04-b500 ap2  ap-group2 10.23.100.253 AP8130DN nor   0   17S
3  dcd2-fc96-e4c0 ap3  ap-group3 10.23.100.252 AP8130DN nor   0   3M:55S
-------------------------------------------------------------------------
Total: 3
```

执行命令display wlan wds link all，查看WDS链路相关信息。

```
[AC-wlan-view] display wlan wds link all
Rf   : radio ID             Dis  : coverage distance(100m)
Ch   : channel              Per  : drop percent(%)
TSNR : total SNR(dB)        P-   : peer
WDS  : WDS mode             Re   : retry ratio(%)
RSSI : RSSI(dBm)            MaxR : max RSSI(dBm)
-------------------------------------------------------------------------
APName    P-APName    Rf    Dis    Ch    WDS    P-Status
-------------------------------------------------------------------------
ap1       ap2         1     4      157   root   normal
Ap2       ap3         0     4      149   root   normal
Ap2       ap1         1     4      157   leaf   normal
Ap3       ap2         1     4      149   leaf   normal
-------------------------------------------------------------------------
Total: 4
```

WLAN业务配置会自动下发给AP，配置完成后，通过执行命令display vap ssid fitap001查看如下信息，当“Status”项显示为“ON”时，表示AP对应的射频上的VAP已创建成功。

```
[AC-wlan-view] display vap ssid fitap001
WID : WLAN ID
-------------------------------------------------------------------------
AP-ID AP-name RfID WID BSSID          Status  Auth type     STA  SSID
-------------------------------------------------------------------------
1     ap1     0    1   60DE-4474-9640 ON      WPA/WPA2-PSK  0    fitap001
3     ap3     0    3   DCD2-FC96-E4C0 ON      WPA/WPA2-PSK  0    fitap001
-------------------------------------------------------------------------
Total: 2
```

无线用户搜索到名为fitap001的无线网络，输入密码abc12345并正常关联后，在AC上执行display station ssid fitap001命令，可以查看到用户已经接入到无线网络中。

```
[AC-wlan-view] display station ssid fitap001
Rf/WLAN: Radio ID/WLAN ID
```

```
Rx/Tx: link receive rate/link transmit rate(Mbps)
--------------------------------------------------------------------------
STA MAC         AP-ID  Ap-name  Rf/WLAN  Band  Type  vlan  IP address
--------------------------------------------------------------------------
e019-1dc7-1e08  1      ap1      0/1      2.4G  11n   101   10.23.101.254
--------------------------------------------------------------------------
Total: 1 2.4G: 1 5G: 0
```

拓展练习

一、知识检测

（1）关于WDS，以下说法正确的是（　　）。

A．是一种常用的文字、表格、演示等多种功能的办公软件

B．WDS就是可以让无线AP或者无线路由器之间通过无线进行桥接（中继）

C．是WLAN Distribution System的缩写

D．WDS不可以组成树形扩展网络

（2）WDS的全称是（　　）。

A．万能中继　　B．无线中继　　C．无线分布式系统　　D．无线桥接

（3）关于WDS下列说法正确的是（　　）。

A．通过无线网桥连接两个独立的局域网段，并且在他们之间提供数据传输

B．WDS默认使用2.4 GHz频段作为桥接频段

C．扩展性不好，并且需铺设新的有线连接和部署更多的AP

D．华为室内AP不支持WDS功能

（4）以下关于WDS的描述错误的是（　　）。

A．通过无线链路互连的多个无线网桥使用相同的信道

B．用两端无线网桥的MAC地址唯一标识互联无线网桥的无线链路

C．无线链路两端采用确认应答机制

D．经过无线链路传输以太网MAC帧

（5）在WDS网络中RootAP与LeafAP之间的骨干链路采用5 GHz频段进行连接，RootAP使用的频段为149，那么LeafAP需要选用以下（　　）频段。

A．149　　B．153　　C．157　　D．除了149都可以

二、能力检测

1．项目背景与分析

在已具备无线局域网，且无线部署采用AC旁挂三层组网架构的情况下，需要在原有无线网络基础上，部署WDS网络。要求AP地址池在AC中配置，交换机配置DHCP中继。

2. 项目拓扑（见图 18-1）

3. 项目规划

根据图 18-1 规划连接方式，填写规划表 18-6～表 18-10。

表 18-6　设备规划

设备类型	设备型号	设备命名	系统版本

表 18-7　端口互联规划

设　备	本端端口	对端设备	对端端口

表 18-8　WLAN 规划

设　备	SSID	加密方式	密　钥

表 18-9　IP 及端口规划

设　备	接　口	规　划	备　注

表 18-10　DHCP 规划

地址池名称	地址范围	网　关

4. 实践结果提交

完成实践内容后，将自己制作的拓扑结构图、设备规划表、端口互联规划表、WLAN 规划表、IP 及端口规划表、DHCP 规划表，以及过程截图提交给老师。

实践项目 19 Mesh 网络

19.1 项目背景

小李所在项目组为一家公司部署了WDS，但随着业务扩大和变更，导致网络节点也随之不断地增加和变更。此过程中小李感到部署和维护起来都比较烦琐，于是小李对比了Mesh网络之后，计划将WDS更改为Mesh网络。

19.2 项目分析

从系统架构来说，尽管在多数情况下，Mesh不如WDS部署简单，也不如同等级别的WDS设备便宜，但是Mesh设备通常可以提供许多较为复杂的功能（自动信道选择和电源管理、防火墙、Web配置页面等），这些特性也使得它们成为点对点、点对多点无线网络的合理选择。例如，网络节点需要具有自动发现冗余链路的能力，而不是依赖于手动配置。同时Mesh在复杂的环境下可以自动切换到最佳的无线信道，保证通信质量。这就是小李选择将WDS更改为Mesh的原因。

19.3 知识准备

1. Mesh 网络

Mesh网络（Wireless Mesh Network，WMN）是指利用无线链路将多个AP连接起来，并最终通过一个或几个Portal节点接入有线网络的一种无线网络结构。

传统的WLAN网络中，无线用户与AP之间以无线信道为传输介质，AP的上行链路则是有线网络。如果部署WLAN网络前没有有线网络基础，则需要耗费大量的时间和成本来构建有线网络。对于组建后的WLAN网络，如果需要对其中某些AP位置进行调整，则需要调整相应的有线网络，操作困难。综上所述，传统WLAN网络的建设周期长、成本高、灵活性差。采用无线Mesh网络结构只需要安装AP，建网速度非常快，主要用于临时应急通信、无线城域网或有线网络薄弱地区等场合。

支持Mesh功能的AP称为Mesh AP，根据Mesh网络中节点功能的不同，可以将Mesh网络节点分为表19-1所示的几类。

表 19-1　Mesh 网络节点定义

名　称	意　义	示　例
MPP（Mesh Portal Point）	连接Mesh网络和其他类型网络的MP节点。这个节点具有Portal功能，可以实现Mesh内部节点和外部网络的通信	MP1
邻居MP	与某个Mesh节点处于直接通信范围内的MP或MPP，称为该Mesh节点的邻居MP	MP1与MP2互为邻居MP
候选MP	MP准备与之建立Mesh链路的邻居MP，称为该Mesh节点的候选MP	—
对端MP	已与MP建立起Mesh连接的邻居MP，称为该MP的对端MP	MP2为MP1的对端MP

无线Mesh网络与传统非Mesh的WLAN网络相比，具有以下几方面的优势：

（1）快速部署：Mesh网络设备安装简便，可以在几小时内组建，而传统的无线网络需要更长的时间。

（2）动态增加网络覆盖范围：随着Mesh节点的不断加入，Mesh网络的覆盖范围可以快速增加。

（3）健壮性：Mesh网络是一个对等网络，不会因为某个节点产生故障而影响到整个网络。如果某个节点发生故障，报文信息会通过其他备用路径传送到目的节点。

（4）灵活组网：AP可以根据需要随时加入或离开网络，这使得网络更加灵活。

（5）应用场景广：Mesh网络除了可以应用于企业网、办公网、校园网等传统WLAN网络常用场景外，还可以广泛应用于大型仓库、港口码头、城域网、轨道交通、应急通信等应用场景。

（6）高性价比：在Mesh网络中，只有Portal节点需要接入到有线网络，对有线的依赖程度被降到了最低，省却了购买大量有线设备以及布线安装的投资开销。

2. Mesh 网络与 WDS 的异同

Mesh网络不需要预先建立基站等基础设施，而是采用分布式思想构建一个动态的自组织无线多跳网络，结构灵活，易于快速部署和安装。用户可以方便地添加新节点来扩展无线网络。用Mesh技术可以轻松实现非视距传输。与发射机有直接视线的用户首先接收无线信号，然后自动为接收到的信号选择最佳路径，并不断地从一个用户跳到另一个用户。

最后，在没有直接视线的情况下到达目标用户。

WDS通过无线链路将两个或多个独立的有线局域网或无线局域网连接起来，形成一个相互连接的网络，用于数据访问。

并非所有的Mesh AP都提供接入服务，但所有WDS AP都提供接入服务。

Mesh提供了比WDS更高的可用性。在WDS网络中，每个AP只与另一个AP建立一个无线连接，Mesh AP则与其他MP建立多个无线连接。在这种情况下，如果无线连接失败，WDS AP将被隔离。

Mesh在802.11s中是标准化的，而WDS没有标准参考。

Mesh AP之间的无线连接是自动建立的，而WDS通常手动创建该路径。

3. Mesh 网络与 WDS 的适用场景

必须首先考虑目标无线网络的拓扑，如果想组建一个静态的分层网络，WDS可能是一种性价比更高的选择；如果网络拓扑动态变化或者需要冗余，那么Mesh可能是绝佳的选择。

（1）如果网络具有以下特征则适用于WDS：

① 网络节点数目少，可以在较短的时间内为每个节点手动配置所需的数据。

② 无线网络的拓扑基本上是分层的。

③ 很少或根本不需要冗余，生成树链接已经足够。

④ 无线链接一旦建立，就不会间歇性地中断（通过的车辆，打开和关闭仓库门等不会对链路造成干扰）。

⑤ 几乎不需要考虑增加网络中的节点数量，即网络规模固定不变。

（2）如果网络具有以下特征则适用于Mesh路由器设备组网：

① 手动配置所有节点的过程过于繁杂或不切实际。

② 网络拓扑需要从节点到节点的多个链路，这些多个链路可以认为是提供冗余或负载平衡的重要网络部分。

③ 节点需要具有自动发现冗余链路的能力，而不是依赖于手动配置。

④ 无线链接可能会中断（通过车辆或其他因素）。

⑤ 网络会从一个位置移动到另一个位置，并且不能提前确定链接关系（拓扑）。例如，在灾难事故现场或者临时性贸易展览区域部署便携式开放安全网络，网络环境并不可预知。

⑥ 与初始部署相比，网络将扩展出更多节点。

19.4 项目拓扑

项目拓扑结构如图19-1所示。

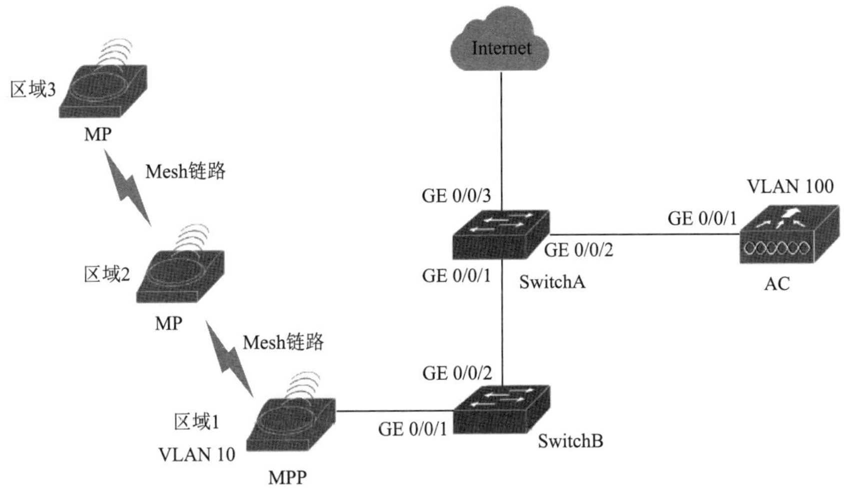

图 19-1　拓扑结构

19.5 项目规划

根据图 19-1 规划连接方式，规划详情见表 19-1～表 19-5。

表 19-1　设备规划

设备类型	设备型号	设备命名	系统版本
AP	AP8130DN	AP1	Version 5.160
AP	AP8130DN	AP2	Version 5.160
AP	AP8130DN	AP3	Version 5.160
交换机	HUAWEI S5700	SwitchA	Version 5.110
交换机	HUAWEI S3700	SwitchB	Version 5.110
AC	HUAWEI AC6605	AC	Version 5.160

表 19-2　端口互联规划

设　备	本端端口	对端设备	对端端口
SwitchA	GE 0/0/1	SwitchB	GE 0/0/2
SwitchA	GE 0/0/2	AC	GE 0/0/1
SwitchA	GE 0/0/3	上层网络	—
SwitchB	GE 0/0/1	AP	GE 0/0/1
SwitchB	GE 0/0/2	SwitchA	GE 0/0/1
AC	GE 0/0/1	SwitchA	GE 0/0/2

表 19-3　WLAN 规划

设　备	SSID	加密方式	密　钥
AC	fitap001	WPA-WPA2+PSK+AES	abc12345

表 19-4 IP 及端口规划

设 备	接 口	规 划	备 注
SwitchA	GE 0/0/1	Trunk	允许 VLAN 100 通过
SwitchA	GE 0/0/2	Trunk	允许 VLAN 100 通过
SwitchB	GE 0/0/1	Trunk	允许 VLAN 100 通过
SwitchB	GE 0/0/2	Trunk	允许 VLAN 100 通过
SwitchB	VLAN 101 接口	10.23.101.1/24	DHCP 接口地址池
AC	GE 0/0/1	Trunk	允许 VLAN 100 通过
AC	VLAN 100 接口	10.23.100.1/24	

表 19-5 DHCP 规划

地址池名称	类 型	地址范围	网 关
VLANIF 100	AC 所在的管理 VLAN	10.23.100.0/24	10.23.100.1
VLANIF 101	无线用户的业务 VLAN	10.23.101.0/24	10.23.101.1

19.6 实施过程

步骤 1 配置交换机。

（1）配置接入交换机 SwitchB 的物理接口。

```
[SwitchB] vlan batch 100                                    ! 创建VLAN
[SwitchB] interface gigabitEthernet 0/0/1
[SwitchB-GigabitEthernet0/0/1] port link-type trunk
[SwitchB-GigabitEthernet0/0/1] port trunk pvid vlan 100   ! 默认VLAN
[SwitchB-GigabitEthernet0/0/1] port trunk allow-pass vlan 100
                                                            ! 允许管理VLAN通过
[SwitchB-GigabitEthernet0/0/1] port-isolate enable         ! 端口隔离
[SwitchB-GigabitEthernet0/0/1] quit
[SwitchB] interface gigabitEthernet 0/0/2
[SwitchB-GigabitEthernet0/0/2] port link-type trunk
[SwitchB-GigabitEthernet0/0/2] port trunk allow-pass vlan 100
                                                            ! 允许管理VLAN通过
[SwitchB-GigabitEthernet0/0/2] quit
```

（2）配置 SwitchA 的接口。

```
[SwitchA] vlan batch 100
[SwitchA] interface gigabitEthernet 0/0/1
[SwitchA-GigabitEthernet0/0/1] port link-type trunk
[SwitchA-GigabitEthernet0/0/1] port trunk allow-pass vlan 100
```

```
[SwitchA-GigabitEthernet0/0/1] quit
[SwitchA] interface gigabitEthernet 0/0/2
[SwitchA-GigabitEthernet0/0/2] port link-type trunk
[SwitchA-GigabitEthernet0/0/2] port trunk allow-pass vlan 100
[SwitchA-GigabitEthernet0/0/2] quit
```

步骤2 配置AC与其他设备互通。

```
[AC] vlan 100
[AC] interface gigabitEthernet 0/0/1
[AC-GigabitEthernet0/0/1] port link-type trunk
[AC-GigabitEthernet0/0/1] port trunk allow-pass vlan 100
[AC-GigabitEthernet0/0/1] quit
```

步骤3 在AC上配置DHCP。

```
[AC] dhcp enable
[AC] interface vlanif 100
[AC-vlanif100] ip address 10.23.100.1 24
[AC-vlanif100] dhcp select interface        ！接口地址池为AP分配IP
[AC-vlanif100] quit
```

步骤4 配置AP组、国家码和AC的源接口。

（1）创建MPP的AP组和MP的AP组，用于将相同配置的AP都加入同一AP组中。

```
[AC] wlan
[AC-wlan-view] ap-group name mesh-mpp        ！配置MPP使用的AP组
[AC-wlan-ap-group-mesh-mpp] quit
[AC-wlan-view] ap-group name mesh-mp         ！配置MPP使用的AP组
[AC-wlan-ap-group-mesh-mp] quit
```

（2）创建域管理模板，在域管理模板下配置AC的国家码并在AP组下引用域管理模板。

```
[AC-wlan-view] regulatory-domain-profile name test
[AC-wlan-regulate-domain-test] country-code cn
[AC-wlan-regulate-domain-test] quit
[AC-wlan-view] ap-group name mesh-mpp
[AC-wlan-ap-group-mesh-mpp]regulatory-domain-profile test
Warning: Modifying the country code will clear channel, power and antenna
gain configurations of the radio and reset the AP. Continue?[Y/N]:y
[AC-wlan-ap-group-mesh-mpp] quit
```

```
[AC-wlan-view] ap-group name mesh-mp
[AC-wlan-ap-group-mesh-mp]regulatory-domain-profile test
Warning: Modifying the country code will clear channel, power and antenna gain configurations of the radio and reset the AP. Continue?[Y/N]:y
[AC-wlan-ap-group-mesh-mp] quit
[AC-wlan-view] quit
```

（3）配置AC源接口。

```
[AC] capwap source interface vlanif 100
```

（4）将AP1加入AP组mesh-mpp中，将AP2、AP3加入AP组mesh-mp中。

```
[AC] wlan
[AC-wlan-view] ap auth-mode mac-auth
[AC-wlan-view] ap-id 1 ap-mac 60de-4474-9640
[AC-wlan-ap-1] ap-name ap1
[AC-wlan-ap-1]ap-group mesh-mpp
Warning: This operation may cause AP reset. If the country code changes, it will clear channel, power and antenna gain configurations of the radio, Whether to continue? [Y/N]:y
[AC-wlan-ap-1] quit
[AC-wlan-view] ap-id 2 ap-mac dcd2-fc04-b500
[AC-wlan-ap-2] ap-name ap2
[AC-wlan-ap-2]ap-group mesh-mp
Warning: This operation may cause AP reset. If the country code changes, it will clear channel, power and antenna gain configurations of the radio, Whether to continue? [Y/N]:y
[AC-wlan-ap-2] quit
[AC-wlan-view] ap-id 3 ap-mac dcd2-fc96-e4c0
[AC-wlan-ap-3] ap-name ap3
[AC-wlan-ap-3]ap-group mesh-mp
Warning: This operation may cause AP reset. If the country code changes, it will clear channel, power and antenna gain configurations of the radio, Whether to continue? [Y/N]:y
[AC-wlan-ap-3] quit
```

步骤5 配置Mesh业务参数。

（1）配置Mesh节点使用的主要射频参数。本例中使用的是AP8130DN的射频1，“coverage distance”参数为射频覆盖距离，缺省情况下是3，单位是100 m。本例中使用参数为4，用户可以根据实际情况配置该参数。

```
[AC-wlan-view] ap-group name mesh-mpp
[AC-wlan-ap-group-mesh-mpp] radio 1
[AC-wlan-group-radio-mesh-mpp/1] channel 40mhz-plus 157
Warning: This action may cause service interruption. Continue?[Y/N]y
  ! 配置Mesh链路的信道和带宽，Mesh链路的信道和带宽要配置相同
[AC-wlan-group-radio-mesh-mpp/1] coverage distance 4
  ! 射频覆盖距离参数：4（单位：100 m）。根据AP间的实际距离配置射频覆盖距离参数后，AP
    设备根据此参数值调整对应的slottime、acktimeout和ctstimeout数值
[AC-wlan-group-radio-mesh-mpp/1] quit
[AC-wlan-ap-group-mesh-mpp] quit
[AC-wlan-view] ap-group name mesh-mp
[AC-wlan-ap-group-mesh-mp] radio 1
[AC-wlan-group-radio-mesh-mp/1] channel 40mhz-plus 157
Warning: This action may cause service interruption. Continue?[Y/N]y
[AC-wlan-group-radio-mesh-mp/1] coverage distance 4
  ! 射频覆盖距离参数：4（单位：100 m）
[AC-wlan-group-radio-mesh-mp/1] quit
[AC-wlan-ap-group-mesh-mp] quit
```

（2）配置AP有线口参数。本例中假设Mesh承载的业务VLAN为VLAN 101，则需配置Mesh各节点的有线口以tagged形式加入VLAN 101。

```
[AC-wlan-view] wired-port-profile name wired-port
[AC-wlan-wired-port-wired-port] vlan tagged 101
[AC-wlan-wired-port-wired-port] quit
```

（3）配置Mesh链路使用安全模板mesh-sec，mesh-sec支持WPA2+PSK+AES的安全策略。

```
[AC-wlan-view] security-profile name mesh-sec
[AC-wlan-sec-prof-mesh-sec] security wpa2 psk pass-phrase abc12345 aes
[AC-wlan-sec-prof-mesh-sec] quit
```

（4）配置Mesh白名单。

```
[AC-wlan-view] mesh-whitelist-profile name mesh-list
[AC-wlan-mesh-whitelist-mesh-list] peer-ap mac 60de-4474-9640
[AC-wlan-mesh-whitelist-mesh-list] peer-ap mac dcd2-fc04-b500
[AC-wlan-mesh-whitelist-mesh-list] peer-ap mac dcd2-fc96-e4c0
[AC-wlan-mesh-whitelist-mesh-list] quit
```

（5）配置Mesh角色。配置AP1的Mesh角色为Mesh-portal，默认情况下Mesh角色为Mesh-node，所以AP2、AP3可以使用默认配置。Mesh角色是通过AP系统模板配置的。

```
[AC-wlan-view] ap-system-profile name mesh-sys
[AC-wlan-ap-system-prof-mesh-sys] mesh-role Mesh-portal
[AC-wlan-ap-system-prof-mesh-sys] quit
```

（6）配置Mesh模板。配置Mesh网络的ID为mesh-net，Mesh链路的老化时间为30秒，并引用安全模板和Mesh白名单。

```
[AC-wlan-view] mesh-profile name mesh-net
[AC-wlan-mesh-prof-mesh-net] mesh-id mesh-net
                        ！只有mesh-id相同的结点才能建立Mesh链路
[AC-wlan-mesh-prof-mesh-net] link-aging-time 30
[AC-wlan-mesh-prof-mesh-net] security-profile mesh-sec
[AC-wlan-mesh-prof-mesh-net] quit
```

（7）配置AP射频引用Mesh白名单模板。

```
[AC-wlan-view] ap-group name mesh-mpp
[AC-wlan-ap-group-mesh-mpp] radio 1
[AC-wlan-group-radio-mesh-mpp/1] mesh-whitelist-profile mesh-list
[AC-wlan-group-radio-mesh-mpp/1] quit
[AC-wlan-ap-group-mesh-mpp] quit
[AC-wlan-view] ap-group name mesh-mp
[AC-wlan-ap-group-mesh-mp] radio 1
[AC-wlan-group-radio-mesh-mp/1] mesh-whitelist-profile mesh-list
[AC-wlan-group-radio-mesh-mp/1] quit
[AC-wlan-ap-group-mesh-mp] quit
```

（8）在AP组引用相关模板，使Mesh业务生效。

```
[AC-wlan-view] ap-group name mesh-mpp       ！配置AP组mesh-mpp
[AC-wlan-ap-group-mesh-mpp]wired-port-profile wired-port gigabitethernet 0
！配置AP组mesh-mpp，引用有线口模板wired-port，使AP的有线口参数在Mesh各节点上生效
[AC-wlan-ap-group-mesh-mpp] quit
[AC-wlan-view] ap-group name mesh-mp
[AC-wlan-ap-group-mesh-mp]wired-port-profile wired-port gigabitethernet 0
！配置AP组mesh-mp，引用有线口模板wired-port，使AP的有线口参数在Mesh各节点上生效。
[AC-wlan-ap-group-mesh-mp] quit
```

（9）配置AP组mesh-mpp引用AP系统模板mesh-sys，使MPP角色在AP1上生效。

```
[AC-wlan-view] ap-group name mesh-mpp
[AC-wlan-ap-group-mesh-mpp] ap-system-profile mesh-sys
[AC-wlan-ap-group-mesh-mpp] quit
```

（10）配置AP组mesh-mpp和mesh-mp分别引用Mesh模板mesh-net，使Mesh业务生效。

```
[AC-wlan-view] ap-group name mesh-mpp
[AC-wlan-ap-group-mesh-mpp] mesh-profile mesh-net radio 1
[AC-wlan-ap-group-mesh-mpp] quit
[AC-wlan-view] ap-group name mesh-mp
[AC-wlan-ap-group-mesh-mp] mesh-profile mesh-net radio 1
[AC-wlan-ap-group-mesh-mp] quit
[AC-wlan-view] commit all
Warning: Committing configuration may cause service interruption, continue?[Y/N]:y
```

19.7　项目验证

执行命令display ap all，查看Mesh各节点是否成功上线，当“State”字段显示为“nor”，则表示AP已成功上线。

```
<AC> display ap all
Total AP information:
nor  : normal            [3]
Extra information:
P   : insufficient power supply
------------------------------------------------------------------------
ID MAC            Name Group    IP             Type     State STA Uptime
------------------------------------------------------------------------
1  60de-4474-9640 ap1 mesh-mpp 10.23.100.254  AP8130DN nor    0   13M:45S
2  dcd2-fc04-b500 ap2 mesh-mp  10.23.100.251  AP8130DN nor    0   5M:22S
3  dcd2-fc96-e4c0 ap3 mesh-mp  10.23.100.253  AP8130DN nor    0   4M:14S
------------------------------------------------------------------------
Total: 3
```

Mesh业务生效后，执行命令display wlan mesh link all，可查看到Mesh链路相关信息如下：

```
<AC> display wlan mesh link all
Rf   : radio ID                Dis  : coverage distance(100m)
Ch   : channel                 Per  : drop percent(%)
TSNR : total SNR(dB)           P-   : peer
Mesh : Mesh mode               Re   : retry ratio(%)
RSSI : RSSI(dBm)               MaxR : max RSSI(dBm)
------------------------------------------------------------------------
```

```
APName  P-APName  P-APMAC          Rf Dis   Ch     Mesh       P-Status
-----------------------------------------------------------------------
ap1     ap2       dcd2-fc04-b500   1  4     157    portal     normal
ap1     ap3       60de-4474-9640   1  4     157    portal     normal
ap3     ap2       dcd2-fc04-b500   1  4     157    node       normal
ap3     ap1       dcd2-fc96-e4c0   1  4     157    node       normal
ap2     ap1       dcd2-fc96-e4c0   1  4     157    node       normal
ap2     ap3       60de-4474-9640   1  4     157    node       normal
-----------------------------------------------------------------------
Total: 6
```

拓展练习

一、知识检测

（1）在Mesh网络中，MPP的作用是（　　）。

A．连接Mesh网络和其他类型网络的MP节点

B．具有Portal功能

C．可以实现Mesh内部节点和外部网络的通信

D．可以配置其他AP

（2）在Mesh网络中，AP的角色不包括（　　）。

A．VAP　　B．邻居MP　　C．候选MP　　D．对端MP

（3）Mesh网络与传统非Mesh网络相比，具有的优势不包括（　　）。

A．部署快速　　B．动态增加网络覆盖范围

C．高带宽　　D．高性价比

（4）Mesh模板主要与以下模板中的（　　）配合使用。（多选题）

A．安全模板　　B．Mesh白名单模板

C．射频模板　　D．Mesh快切模板

（5）对于Mesh白名单模板说法正确的是（　　）。（多选题）

A．Mesh白名单模板里记录的是Mesh链路允许接入的邻居AP的MAC地址

B．AP射频引用Mesh白名单模板后，只有匹配了白名单中的MAC的邻居AP才被允许接入

C．在普通的Mesh组网中，必须为Mesh节点配置Mesh白名单

D．其他AP被拒绝接入

二、能力检测

1．项目背景与分析

在已具备无线局域网，且无线部署采用AC旁挂三层组网架构的情况下，需要在原有

无线网络基础上，部署Mesh网络。要求AP地址池在AC中配置，交换机配置DHCP中继。

2. 项目拓扑（见图 19-1）

3. 项目规划

根据图19-1规划连接方式，填写规划表19-6～表19-10。

表 19-6　设备规划

设备类型	设备型号	设备命名	系统版本

表 19-7　端口互联规划

设　备	本端端口	对端设备	对端端口

表 19-8　WLAN 规划

设　备	SSID	加密方式	密　钥

表 19-9　IP 及端口规划

设　备	接　口	规　划	备　注

表 19-10　DHCP 规划

地址池名称	地址范围	网　关

4. 实践结果提交

完成实践内容后，将自己制作的拓扑结构图、设备规划表、端口互联规划表、WLAN规划表、IP及端口规划表、DHCP规划表，以及过程截图提交给老师。

附录 A 知识点索引

续表

附录B 拓展练习参考答案

实践项目1：	（1）A	（2）B	（3）C	（4）C	（5）D
实践项目2：	略				
实践项目3：	（1）D	（2）C	（3）A	（4）C	（5）B
实践项目4：	（1）A	（2）B	（3）D	（4）C	（5）BD
实践项目5：	（1）C	（2）B	（3）C	（4）D	（5）A
实践项目6：	（1）A	（2）C	（3）D	（4）D	（5）C
实践项目7：	（1）C	（2）B	（3）A	（4）C	（5）C
实践项目8：	（1）D	（2）D	（3）D	（4）C	（5）ACD
实践项目9：	（1）ACD	（2）B	（3）A	（4）C	（5）C
实践项目10：	（1）C	（2）C	（3）A	（4）B	（5）A
实践项目11：	（1）D	（2）A	（3）D	（4）ABCD	（5）ABC
实践项目12：	（1）C	（2）C	（3）A	（4）C	（5）A
实践项目13：	（1）B	（2）C	（3）A		
实践项目14：	（1）D	（2）D	（3）B	（4）D	
实践项目15：	（1）D	（2）C	（3）B	（4）A	（5）D
实践项目16：	（1）C	（2）ABC	（3）A	（4）A	（5）D
实践项目17：	（1）B	（2）AC	（3）B	（4）C	（5）D
实践项目18：	（1）B	（2）C	（3）A	（4）D	（5）A
实践项目19：	（1）D	（2）A	（3）C	（4）ABCD	（5）ABCD